SVM分类算法及其在管道泄漏检测中的应用

谢文昊◎著

中国石化出版社
·北京·

内 容 提 要

本书针对天然气管道泄漏检测系统采集到的非均衡数据、高噪声数据、具有多分类需求数据、批量获取的动态小样本数据的分类问题，提出了基于 SVM 的改进算法。本书从管道泄漏等故障检测领域面临的实际问题出发，介绍了 SVM 分类技术及原理，在此基础上针对上述提到的具有不同特点和不同分类需求的小样本数据的分类问题，分别提出了面向非均衡数据的 SMOTE-SVM 改进算法，面向高噪声数据、基于 SVDD 的改进 FSVM 算法，面向具有多分类需求数据、基于平衡二叉决策树的改进多分类算法，面向批量获取的动态小样本数据的分类问题，提出了基于广义 KKT 条件的改进 ISVM 算法以及基于类中心直径的 ISVM 改进算法。在理论上，本书提出的这些优化和改进算法，对于 SVM 分类算法的扩充有着重要的参考价值。同时，在故障诊断和管道泄漏检测等应用领域，本书提出的改进和优化算法，对于提高油气企业的故障诊断率和故障诊断水平、确保长线管道的安全运输和管理具有重要意义。

本书可以作为从事 SVM 数据分类研究、算法设计以及故障诊断、管道泄漏检测等领域的工程技术人员、科研工作人员以及高等院校相关专业师生的参考资料。

图书在版编目(CIP)数据

SVM 分类算法及其在管道泄漏检测中的应用 / 谢文昊著. — 北京：中国石化出版社，2023. 8
ISBN 978-7-5114-7201-4

Ⅰ. ①S… Ⅱ. ①谢… Ⅲ. ①算法-应用-天然气管道-管道泄漏-管道检测 Ⅳ. ①TE973. 6

中国国家版本馆 CIP 数据核字(2023)第 142558 号

中国石化出版社出版发行
地址：北京市东城区安定门外大街 58 号
邮编：100011　电话：(010)57512500
发行部电话：(010)57512575
http://www. sinopec-press. com
E-mail：press@ sinopec. com
北京科信印刷有限公司印刷
全国各地新华书店经销
*
710 毫米×1000 毫米 16 开本 11. 5 印张 210 千字
2023 年 12 月第 1 版　2023 年 12 月第 1 次印刷
定价：68. 00 元

前言

信息时代，生产、生活的各个领域产生了形式各异的数据，其中有相当一部分是高噪声的、模糊的和动态获取的复杂数据，如何从这些形式各异的复杂数据背后挖掘出其隐藏的模式、关系和规律，成为数据挖掘领域研究的重点。其中，基于支持向量机的分类算法具有理论基础成熟、对维数不敏感、训练效率高和泛化能力强等优点，特别对于小样本、非线性及高维模式的识别问题表现出明显的优势，已经成为数据分类领域一个非常重要的工具，它在语义分析、商业智能、故障诊断和设备可靠性分析等应用场景中发挥着重要的作用。

然而，随着数据挖掘技术应用领域的不断扩大，传统的支持向量机分类方法面临着很多挑战，例如：收集到的有标记数据的数量比较有限、数据类型多样性、分类需求多样化、数据非一次性获取等。在石油、天然气管道运输系统的检测中，因为现场采集的时间、地点、环境以及测试条件、检验目的不同，获取了不同类型以及不同分类需求的次声波信号，包括：高噪声数据、不平衡数据、需要多分类的数据以及动态获取的数据。数据本身的多样性、复杂性以及数据分类需求的多样化等问题，导致了传统的SVM算法不能得到满意的分类效果，或者对此类数据直接进行处理时无法获得较好的泛化能力，效果较差。

为了进一步应对泄漏检测等领域中复杂数据的分类要求，本书针对不同特点及分类需求的数据，将传统的SVM分类算法进行拓展和优化，并将改进算法运用到天然气管道的泄漏诊断和故障检测工作中，为天然气管道泄漏检测、管道可靠性运营和维护提供技术支持。本书首先在第 1 章中介绍了本研究的背景和意义；第 2 章介绍了基于支持向量机的分类技术及其原理；第 3 章针对非均衡数据的分类，提出了改进的 SMOTE-SVM 算法；第 4 章针对高噪声数据的分类问题，提出了基于 SVDD 的 FSVM 算法；第 5 章针对多分类问题，提出了基于平衡二叉决策树的改进算法；第 6 章和第 7 章都是针对动态获取的增量数据，分别提出了基于广义 KKT 条件的 ISVM 改进算法和基于聚类中心直径的 ISVM 改进算法；第 8 章针对天然气管道泄漏检测系统中采集到的非均衡、高噪声、具有多分类需求以及分批获取的动态次声波数据，采用上述提出的改进算法进行仿真实验。实验证明上述各改进算法对管道泄漏检测系统采集到的具有不同特点及分类需求的次声波数据具有较好的分类精度和分类效果。

本书获西安石油大学优秀学术著作出版基金资助，同时，在本书的编写过程中，得到了陕西高校青年创新团队——不确定性数据建模及智能油田应用创新团队的大力支持，得到了西北工业大学梁工谦老师的指导，以及西安石油大学郭乔、谭宝玉、袁鹏程、徐博文的支持和帮助，在此谨向他们表示诚挚的感谢！

由于编者水平有限，书中难免会有疏漏和不足之处，希望广大读者提出宝贵意见和建议。

目 录

1 概　　述

数据挖掘又被称为 KDD(数据库知识发现)，是从海量不完全的、有噪声的、模糊的、随机的数据库中发现隐含在其中有价值的信息和知识，揭示信息和知识之间隐藏的模式和关系的过程，也是一种决策支持过程[1]。机器学习、人工智能、模式识别等各种方法为数据挖掘提供数据分析技术，作为实现信息和知识之间转换的重要工具。

数据挖掘的主要工作分为预测和描述性任务两大类[2]。其中，预测又分为回归和分类，它们都是根据已知的属性值来预测未知的目标属性值，通过带有已知属性标签的训练集进行模型训练，然后通过该模型建立已知属性和未知属性之间的映射，从而得到对未知数据对象的预先推测，我们将这种学习模式称为监督学习。管道泄漏检测就是一种数据分类技术，通过对已知“类别”属性的数据进行模型的训练和学习，为已知“类别”属性和未知“类别”属性之间建立映射模型，通过该映射模型最后得到对未知数据类别的预测结果，从而识别故障是否发生，它是对离散变量的预测。

机器学习、人工智能等各种技术可以为上述映射模型的建立提供手段与方法，在这个过程中可以将“信息”转换为“知识”，这也是数据挖掘的核心工作。支持向量机(Support Vector Machine，SVM)是一种经典的机器学习方法，其学习方式是监督学习，它可以实现数据分类也可以实现函数拟合(即回归)。基于 SVM 的分类模式被称为支持向量分类机(SVC)，对于小样本、非线性及高维数据的分类表现出很好的性能，并解决了某些机器学习算法在有限样本条件下的“过拟合”问题。

本章首先介绍数据挖掘技术和数据挖掘技术的产生、发展及应用；然后介绍了数据挖掘的任务、步骤及其系统的总体结构；接着介绍了数据分类技术，主要包括：分类问题概述、经典数据分类算法、常见数据分类问题、数据预处理方法以及分类算法性能评价；最后阐述了管道泄漏检测技术以及 SVM 在此领域中的应用。

1.1 数据挖掘技术的产生、发展及应用

随着互联网和计算机技术的飞速发展，社会生产生活的方方面面都积累了形式丰富的数据。传统的数据分析工具，已经无法有效地解决数据与信息知识之间的巨大差异，因此决策者的决策支持无法得到更有效的依据。面对大量的、形式多样的各种数据，特别是对于具有高噪声、模糊的、动态获取等特点的复杂数据，如何有效地"挖掘"出有价值的知识成了一大难题。自 20 世纪 80 年代开始，数据挖掘(Data Mining)技术的产生和发展有效地解决了这一问题。数据挖掘技术是在海量数据中发现知识和信息的过程，这些信息往往是隐藏在这些数据中有用且有价值的知识，所以它也是一个决策支持过程。同时，数据挖掘也可以在那些海量的、不确定的、高噪声的、模糊的和随机的数据之间找到其隐藏的模式、关系和规律，其理论涉及统计学、信息理论、模式识别、人工智能、信号处理、管理科学与工程等多个学科[1]。

社会的各个领域对信息的巨大需求促使了数据挖掘技术的快速崛起，在当今的人工智能时代，从工业生产、企业管理、金融市场分析和预测到质量管理、科学研究、工程设计等各个领域都离不开数据挖掘技术的参与。在工业生产领域，如何从生产数据中找到隐藏在里面的有价值的数据来指导企业的管理运营以及帮助企业管理者改进生产工艺、调整产品的加工程序、优化参数，是企业提高产品质量、控制成本、实现利润最大化的关键，而数据挖掘技术可以帮助企业实现上述目标，同时为企业实现智能制造打下基础；在故障诊断领域，生产设备在使用的过程中需要定期进行故障检修和维护，这就需要通过一定手段采集到相关数据，而这些数据往往是动态的、不完备的甚至有噪声干扰的复杂数据，如何高效识别出其中有价值的信息，判断设备发生故障的情况，对提高生产设备的寿命、实现设备的维护和维修、保障生产的安全和正常运行等方面都起到了关键作用；在金融领域，每天都会产生大量的现金流和金融数据，如何对它们进行有效分析，揭示隐藏其中的规律，按照给定的业务目标进一步建模正是该领域进行数据分析和挖掘的一个重要目标。例如：随着高科技的发展，利用数据挖掘技术对业务市场及客户群进行分类与聚类，挖掘出隐藏在大量的金融数据背后的信息与关联规则，从而对客户信用度进行有效测评、对目标客户群定位进行合理解析，也能对汇率及股票市场进行合理预测、对金融犯罪进行追踪和侦破等。总之，高效、准确地发现和获取潜在的、有用的信息，将数据有效地转换为信息和知识，已成为当今这个信息时代所有领域关注的焦点。所以，数据挖掘技术的发展以及

挖掘工具的开发是促进信息时代高速发展的重要工作之一。

从不同的角度和用途来看，数据挖掘技术包括：分类、回归分析、聚类、关联规则、偏差分析、Web 页挖掘等，其中数据分类(Data Classification)技术是常用的挖掘技术之一[2]。数据分类技术是按照数据对象的不同特点或属性，并依据分类模型将其归纳到不同类别的技术，其任务就是把某个未知样本正确归入其目标集合中，换句话说，就是按照一定的规则将某个未知类别划分到正确的目标类别中，它是一种对离散而非连续的目标变量的预测技术，这也是其区别于回归的关键。在对数据分类的时候，先选出一部分带有标签，也就是类别为已知的数据作为训练集进行训练，建立分类模型(也被称作分类器)，然后将没有分类标签的测试数据通过该模型映射到某个目标类别中，从而进行分类。

近年来，数据分类技术在社会的各个领域都有广泛而深入的应用，无论是商业、金融领域，还是医学或者工业生产领域，只要是需要解决的问题中涉及要将地区、商品、客户、医学影像数据、病理参数、工业产品合格率、设备故障率等目标变量按照不同属性归为不同类别的问题，都可以使用数据分类技术来解决。例如：在银行系统，我们可以根据信用卡客户的相关信息对他们的信用等级进行分类；在故障诊断领域，中国宝钢集团与上海天津信息技术有限公司合作，采用数据分类技术对钢材生产的全流程进行质量监控和分析，实时分析产品出现瑕疵的原因，有效提高了产品的优良率；在医疗诊断领域，数据分类技术可以依据病人的既往病史、体质特征、健康指数等数据资料，对病人的病情进行归类，辅助医生进行诊断；在商业领域，数据分类技术可以帮助商家有效地分析顾客购买行为，根据顾客的消费习惯，将商品进行分类销售以提高商品销售量。

数据挖掘的分类算法众多，不同的分类算法适用于不同的分类数据，没有哪一个分类算法可以使得所有数据集的分类精度或分类效率达到最优[3]。经典的分类算法有多种，包括：决策树分类(Decision Tree Classification)、神经网络分类(Neural Networks Classification)、朴素贝叶斯分类(Naive Bayes Classification, NBC)、基于关联规则分类(Classification Based on Association Rules)、逻辑回归分类(Logical Regression Classification)、K-最近邻(K-Nearest Neighbor, KNN)算法、支持向量机(Support Vector Machine, SVM)等众多分类算法[4-23]。根据分类器的结构特点，可将其分为统计学习分类器和深度学习分类器等；按照学习方式和分类器的构建方法划分，可将其分为有监督学习方法、无监督学习方法与强化学习方法。其中，统计学习分类方法以支持向量机、朴素贝叶斯分类为代表；深度学习分类方法以卷积神经网络(Convolutional Neural Networks，CNN)为代表，两者均为典型的有监督学习的分类方法。每一个分类算法都有各自的优势和劣势，没有哪一个是最好的、能适用于所有数据类型或者所有的分类问题。例如：在医疗诊断、股市预测、金融风险分析、银行客户贷款申请评估等领域的分类问题常常使用决策树分类算法；由于神经网络具备很好的抗噪能力，所以基于神经网络的分类技术广泛应用在生物检测领域及文本识别、语音识别、人脸识别等模式识别领域；支持向量机分类(Support Vector Classification，SVC)算法常应用于语义分析、基因分析、商业智能、故障诊断等领域。另外，分类模型的性能除了和使用的算法有关，还和训练数据本身的属性密切相关，不同领域、采用不同手段采集到的数据具有很大差异性：有的是有限样本，有的是不完备数据，有的数据含有较多噪声点，有的数据分布不均衡，有的数据不是一次性获取的，有些是连续的，而有些则是离散或混合的。不同的分类算法对于不同形式、不同结构、不同特点的数据具有不同的分类效果[24]。这就需要我们针对不同类型的复杂数据分类问题，不断改进和优化其分类算法，以提高分类精度、分类效率和鲁棒性。

数据挖掘技术受到很多学科的影响，其中，数据库为它提供数据管理技术；机器学习(Machine Learning，ML)方法为它提供数据分析和建模技术。机器学习是一门涉及概率论、统计学、近似论、凸分析、算法复杂性理论等学科的多领域交叉学科，它主要研究对象是人工智能，即研究人类如何获取知识的方法，具有模拟人类学习行为的能力，它以获取新的知识或技能为目的，同时对现有的知识结构进行不断重组以改善自身的学习能力[25]。基于机器学习的数据挖掘方法，具备了对复杂数据做高度、精准分析的能力，通过总结、归纳、推理等方法，从中找出隐藏其中的有用信息，可以帮助企事业单位、商家、用户制订生产计划、调整营销策略、改善管理制度、减少投资风险、理性面对市场，并做出正确的决策。目前，基于机器学习的数据分类技术在商业、工业、质量管理以及企业管理等很多领域都有着非常广泛的应用。

综上所述，机器学习、数据挖掘等人工智能方法在处理数据方面表现出越来越好的性能，诸如神经网络、深度学习这样的机器学习方法往往都是通过训练大量数据得到较好的分类效果，因此，在挖掘大数据信息时表现出较好的性能和优势。然而，在某些故障诊断领域，例如石油、天然气管道泄漏检测技术发展的难点之一是泄漏样本的缺乏，实际工程中由于泄漏很少发生或者在仿真试验中受采集方式、条件、环境、手段的限制，往往获得的是小样本泄漏数据。因此，针对智能故障诊断的模式识别问题，有必要建立一种基于小样本数据的故障诊断分类模型。

在众多的分类算法中，基于支持向量机的分类技术SVC因其理论基础成熟、对维数不敏感、具有较好的训练效率和较高的泛化能力而成为一种非常重要的分类工具。特别是在处理小样本、非线性和高维模式识别问题中，避免了神经网络等其他机器学习方法容易陷入局部最值或者过拟合的缺陷，可以获得较为理想的分类效果。它是根据统计学习理论(Statistical Learning Theory，SLT)中结构风险最小化(Structural Risk Minimization，SRM)原则给出的，通过训练一个决策超平面，使其尽可能地分开两类不同的样本，并使得两类数据对象之间的间距最大[26]。SVC能最大限度地增加学习模型的预测能力，即使是建立在小规模训练集的基础上学习得到的分类模型，对独立的测试样本仍然具有较高的预测精度，而且SVC是一个凸二次规划问题，所以它求得的极值解可以在全局范围内取得最优。正因为具备上述优点，SVC成为一种优秀的基于数据的机器学习分类方法，对于深入挖掘小样本监测数据所包含的信息方面具有较强的学习能力，它在有限样本训练条件下具有其他机器学习方法无法比拟的优势，具有较强的泛化能力，可以获得较好的分类识别率[27-29]。上述这些优势，是SVC发展几十年仍然可以成为重要的小样本分类算法之一的主要原因。所以，在故障诊断领域中将SVC用于小样本故障数据的识别和分类中，对于提高企业智能故障诊断水平、优化故障诊断决策具有重要意义。

1.2　数据挖掘技术简述

1.2.1　数据挖掘的任务和步骤

数据挖掘常用的方法主要有：分类、回归、聚类、关联规则、变化和偏差分析等，这些方法分别从不同的角度对数据进行挖掘，其处理过程主要包括以下三个部分：数据预处理、数据挖掘过程和知识表示。

(1) 数据预处理是指通过一些手段和方法，将要分析的数据从大量数据中提取出来，例如：通过数据清理、数据集成、数据约简和数据转换等方法将它们整理成需要的或者能够被处理的格式。

(2) 数据挖掘过程是指根据数据库中的信息，选择合适的分析工具对数据进行分析和处理，例如：基于统计学的方法、决策树、基于事例的推理、基于规则的推理、遗传算法和神经网络等方法对它们进行处理，以发现隐藏在其中的关联或规律。

(3) 知识表示是指将上述数据挖掘过程中得到的信息转化为知识，以可视化的形式呈现给用户或者存储在知识库中提供给其他应用。

可以将上述三个过程进一步细分为以下六个步骤：确定目标、提取样本、数据分析与研究、数据预处理、模式构建和模型评价，它们之间相互关联、相互影响，只有准确有效地实现上述每一步骤，才能确保好的挖掘效果。

1.2.2 数据挖掘系统总体结构

数据挖掘系统的总体结构：

(1) 数据库、数据仓库或者其他信息库：数据挖掘要对数据存储结构进行相应的操作，其挖掘对象往往由一个数据库、数据仓库、信息表或者其他信息库组成。通常情况下，存储在上述结构中这些数据对象需要经过数据清洗、数据约简或者数据转化等预处理之后，再进行相应的操作或者处理，而不是直接拿来使用。

(2) 数据库或者数据仓库服务器：按照用户的挖掘要求，将其转为相应的数据读取操作。

(3) 知识库：知识库中存放的相关知识可以用于指导数据挖掘或者评价数据挖掘的结果。

(4) 数据挖掘引擎：数据挖掘体系结构中最基本、最重要的组成部分，通过数据挖掘的功能模块来完成各种数据挖掘功能，从而完成数据挖掘最核心的工作。

(5) 模式评估模块：用以评估各种挖掘算法的性能和效果，可以通过和挖掘功能模块组合在一起的办法来提高效率、改善性能。

1.3 数据分类技术简述

1.3.1 分类问题概述

数据分类是数据挖掘中非常重要的一个领域。数据分类就是把具有不同属性或特征的数据进行划分，把某个属性或特征相同或者具有较高相似度的数据合并在一起。分类之后的数据，实现了相同内容、相同性质、相同特性的数据集合在一起，它们属于同一类别；而内容、性质和特性相异的数据就属于不同的类别。数据分类首先通过已知标签的训练样本训练分类器(分类模型)，分类器构建之后，将未知标签的数据对象的属性通过分类模型映射到对应的空间中，为其分配一个正确的类标签，形成一个有条理的分类系统，这种学习方式属于监督学习。数据分类是预测的一种重要方法，不同于回归，它主要是对离散型变量即类标签的一种预测分析方法，被广泛地应用到信用等级划分、生物医学研究、故障分析及商品推荐等领域。

要想实现数据分类的准确和可靠，必须遵循约定的分类原则和分类方法，数据分类的基本原则如下：

（1）稳定性：在构建分类器的过程中，根据分类的不同目的选择数据对象最稳定的属性作为分类依据，这样才能获得相对稳定的分类结果。

（2）系统性：按照数据对象特性的内在规律进行系统化分类，使得分类体系具有清晰、明确的层次结构。

（3）可扩充性：使得分类在设置上保留了一定的余地，以保证增加数据对象时还能保持原有的分类体系，维持分类的稳定性。

（4）综合实用性：分类原则的设定要综合考虑各种因素，使得分类结果尽可能地达到总体最优，符合实际应用，同时便于操作。

（5）兼容性：该性质能够确保不同的分类体系之间的协调一致和相互间的转化。

1.3.2　经典的分类算法概述

数据挖掘涉及多学科技术，包括：数据库技术、统计学、数据分类技术、聚类分析、模式识别、神经网络、数据与信号处理、数据可视化技术等。常用的分类算法包括：朴素贝叶斯、逻辑回归、决策树、K-最近邻、支持向量机、粗糙集、遗传算法、神经网络、深度学习等。本章重点介绍以下分类算法：

（1）朴素贝叶斯算法

1763 年英国学者提出的贝叶斯定理是朴素贝叶斯分类算法的基础，贝叶斯定理的定义如下：

$$P(B|A)=\frac{P(A|B)P(B)}{P(A)} \tag{1-1}$$

式中，事件 A 和事件 B 是相互独立的两个事件；$P(B|A)$ 和 $P(A|B)$ 分别是指事件 B 在事件 A 发生的条件下发生的概率以及事件 A 在事件 B 发生的条件下发生的概率；$P(A)$ 和 $P(B)$ 分别表示事件 A 和事件 B 发生的概率[30]。

假设训练样本集中有 l 个已分类的样本点，样本属性集合 $X=\{x_1, x_2, \cdots, x_k\}$，由贝叶斯定理有：

$$P(C \mid X)=\frac{P(X \mid C)P(C)}{P(X)} \tag{1-2}$$

式中，事件 A 和事件 B 是相互独立的两个事件；$P(C \mid X)$ 和 $P(X \mid C)$ 分别是指样本属性 X 为类标 C 的条件概率以及 C 类下样本属性是 X 的条件概率；通过统计各类样本出现的频率得到各类样本所占的比例 $P(C)$；$P(X)$ 是归一化的证据因子，和类别无关。朴素贝叶斯理论假设样本的各个属性相互独立。

对于未知样本 X，通过计算它属于每一类的条件概率，用最大概率值对应的类别来决定样本的类别。其中 $P(X|C)$ 可由下列公式计算：

$$P(X|C) = \sum_{i=1}^{k} P(x_i|C) \tag{1-3}$$

因此，朴素贝叶斯分类算法的表达式可以写成

$$h(X) = \mathrm{argmax} P(C)\prod_{i=1}^{k} P(x_i|C) \tag{1-4}$$

朴素贝叶斯分类算法的步骤为：

① 计算每个类别出现的概率 $P(C)$；

② 计算每个独立特征的条件概率 $P(x_i|C)$，然后求和得到 $P(X|C)=\sum_{i=1}^{k} P(x_i|C)$；

③ 计算不同类别下的 $P(C)\prod_{i=1}^{k} P(x_i|C)$，最大值对应的类别判断为样本的类别。

朴素贝叶斯分类算法的关键是使用概率表示各种形式的不确定性。从理论上讲其最大优点是：精确度高、运算速度快以及具有较小的错误率，也适用于多分类情况。但实际情况下，由于假定的不准确性，导致缺乏可用的数据，就需要足够大的样本，此外，属性的相互独立假设在实际问题中可能得不到很好的满足，所以一些改进算法应运而生。朴素贝叶斯分类算法在医学、经济和社会领域都有广泛的应用。

（2）逻辑回归

逻辑回归又称为逻辑回归分析，是一种常用的分类算法。通过历史数据的表现对未来结果发生的概率进行预测。

Sigmoid 函数是逻辑回归的核心函数，其计算公式为：

$$y=\frac{1}{1-e^{-z}} \tag{1-5}$$

表示将 z 值转化成 0 或者 1 的 y 值。其中 z 是一个回归函数，设回归系数为 ω，输入为 X，则 $z=\omega^T X$，代入式(1-5)可以得到：

$$y=\frac{1}{1-e^{-(\omega^T X)}} \tag{1-6}$$

可以得到：

$$\ln\frac{y}{1-y}=\omega^T X \tag{1-7}$$

如果 y 是样本 X 属于正类的概率，$1-y$ 是样本 X 属于负类的概率，$\ln\frac{y}{1-y}$则为样本 X 属于正类的相对概率[31]。

若将 y 看作后验概率估计 $P(y=1|X)$，则式(1-7)改写为：

$$\ln\frac{P(y=1|X)}{P(y=0|X)}=\omega^T X \tag{1-8}$$

所以有：

$$P(y=1|X)=\frac{e^{\omega^T X}}{1+e^{\omega^T X}} \tag{1-9}$$

$$P(y=0|X)=\frac{1}{1+e^{\omega^T X}} \tag{1-10}$$

由最大似然法估算 ω，得到：

$$L(\omega)=\sum_{i=1}^{m} y_i \ln P(y=1|x_i)+(1-y_i)\ln P(y=0|x_i) \tag{1-11}$$

损失函数为：

$$J(\omega)=-\frac{1}{m}L(\omega) \tag{1-12}$$

逻辑回归与多重线性回归实际上有很多相同之处，最大的区别在于它们的因变量不同，其他的基本都差不多。正是因为如此，这两种回归可以归于广义线性模型(Generalized Linear Model)。逻辑回归的因变量可以是二分类的，也可以是多分类的，但是实际中最常用的是二分类的逻辑回归。

逻辑回归的主要用途有：

① 寻找某一事件发生的关键因素等。

② 根据模型，预测在不同的自变量情况下，发生某种情况的概率有多大。

③ 根据模型，判别某个体属于某种情况的概率有多大。逻辑回归可用于概率预测，也可用于分类，当用于分类问题时，仅需要设定一个阈值即可，可能性高于阈值是一类，低于阈值是另一类。

逻辑回归算法计算简单，易于理解和实现，但是缺点是该算法容易导致欠拟合的出现，分类的效果不理想。

（3）决策树

决策树的分类算法主要是利用树的拓扑结构，在分支节点处根据判定条件为数据对象划定类别，即该算法通过树型拓扑来实现分类。因为二叉决策树结构中的每一个判定分支本质上就是一个二分类器，所以它可以通过多个分支的组合或集成来实现数据的多分类。不同的决策树算法对应着不同的拓扑结构，按照每个判定节点的分支个数的不同，决策树可分为二叉决策树和多叉树；按照节点的平衡性和不平衡性，决策树又可分为平衡决策树和非平衡决策树。除了拓扑结构不同，不同的算法也使得树的构造过程有着很大的差别[32]。

决策树分类算法主要借助于树的分支结构实现分类，也就是该算法是对实例进行分类的树形结构。对于多类分类问题而言，决策树算法相比于其他的多分类算法，例如：一对一(OVO)算法、一对多(OVA)算法、有向无环图方法等需要构造的分类器少，而且具有不存在不可分区域的优点，在分类时也不需要遍历所有的分类器，因此，该算法具有较突出的优势。除此以外，决策树分类算法还具有以下优点：规则简单、容易理解；模型具有直观、可视化的特点；需要构造的分类器个数较少；应用广泛，既可以用于回归也可以用于分类，特别在多分类中有较好的应用。与此同时，它也有不足之处，例如：容易在建树的过程中形成较为复杂的结构，从而产生过拟合学习；或者产生“误差累积”等问题。

决策树由节点(node)和有向边(directed edge)组成。节点的类型有两种：内部节点和叶子节点。其中，内部节点表示对某个属性的判断，该节点的分支是对应的判断结果，叶子节点表示对一个实例属于哪个类别的最终判断结果。

一旦构造了一个决策树模型，以它为基础来进行分类将是非常容易的。它的最大优点就是能够产生非常容易理解的规则，这是朴素贝叶斯、逻辑回归、神经网络等其他算法不具备的优势。决策树的算法逻辑是：从根节点开始，对实例的某一特征进行测试，根据测试条件判断该实例属于哪个分支；沿着该分支可能达到叶子节点或者到达另一个内部节点，如果到达的是另一个内部节点，那么就使用新的测试条件递归执行下去。最后由该节点所能到达的叶子节点来判断它属于哪一个类别，这样，就得到了该实例的最终分类结果。

决策树方法最早产生于20世纪60年代到70年代末，不同的决策树有不同的结构。例如：CART算法得到的决策树每个节点有两个分支，这种决策树称为二叉决策树；而每个节点含有多于两个节点的树称为多叉树；按照每一个分支节点数目的平衡性和不平衡性，将决策树又分为平衡决策树和非平衡决策树。除了决策树的结构不同，不同的算法也使得决策树的构造过程有着很大的差别，例如：由J. Ross Quinlan提出的ID3算法就是利用最大熵的方法对当前实例进行分类，找出样本集中信息熵最大的对象属性，用该属性实现对节点的划分，此算法的目的在于减少树的深度，但是忽略了叶子数目的研究；C4.5算法是在ID3算法的基础上，对于预测变量的缺值处理、派生规则、剪枝技术等方面做了较大改进得来的，既适合于分类问题，又适合于回归问题。

决策树算法的关键是找出蕴含在数据中的分类规则；该算法的核心是如何构造精度高、效率高、规模低的树型结构。决策树的构造步骤包括：第一步，由训练样本集生成决策树的过程，此过程被称为决策树的产生；第二步，对上一阶段生成的决策树进行检验、校正和修改的过程，该过程主要是用测试数据集中的数据校验决策树生成规则，剪除那些影响预测准确性的分枝。

（4）K-最近邻

K-最近邻(K-Nearest Neighbor，KNN)算法是1968年由Cover和Hart提出的一种基本的分类与回归算法，是数据挖掘分类技术中最简单的方法之一[33]。所谓K-最近邻，就是K个最近的邻居的意思，说的是每个样本都可以用它最接近的K个邻居来代表。

KNN算法实际上是利用训练样本集对特征空间进行划分，并作为其分类的依据。其核心思想是：如果一个样本在特征空间中的K个最相邻的样本中的大多数属于某一个类别，则认为该样本属于这个类别，并具有该类别样本的基本特性。该算法假设训练样本集的类别已经确定，对未知类别的测试样本进行分类时，根据其K个最近邻的训练样本的类别，选择合适的方式进行预测并判定其分类结果。因此，该算法不需要建立显式的模型。该算法的步骤是：

① 根据给定的距离度量，计算样本点 x 与训练集 T 中所有数据点的距离，记为 $D(x)$；

② 在 $D(x)$ 排序找出K个距离最小的样本点，涵盖这K个点的 x 的邻域记作 $Nrk(x)$；

③ 在 $Nrk(x)$ 中根据分类决策规则(如多数表决法)决定 x 的类别 y：$y=\operatorname{argmax}\sum_{x_i \in Nrk(x)} I(y_i=c_i)$，$i=1, 2, \cdots, N$；$j=1, 2, \cdots, K$，式中，$I$ 为指示函

数，即当 $y_i = c_i$ 时，$I=1$，否则 $I=0$。

该方法在确定分类决策上只依据最邻近的 K 个样本的类别来决定待分样本所属的类别。由于 KNN 方法主要靠周围有限的邻近的样本，而不是靠判别类域的方法来确定所属类别，因此对于类域的交叉或重叠较多的测试样本集来说，KNN 方法较其他方法更为适合。由于 KNN 的分类性能较好，随着理论上的深入研究和分析，目前已在模式识别、文本分类、图像及空间分类等领域得到了广泛的应用。

(5) 支持向量机

支持向量机是 Corinna Cortes 和 Vapnik 等于 1995 年首先提出的[34]，它在解决小样本、非线性及高维模式识别中表现出许多特有的优势，并能够推广应用到数据分类和函数拟合等其他机器学习问题中。

建立在统计学习理论(Statistical Learning Theory，SLT)基础之上的 SVM 较好地实现了结构风险最小化(SRM)原则，具有良好的泛化能力。基于 SVM 的分类问题的目的是寻找一个超平面来对样本进行划分，划分的原则是间隔最大化，最终转化为一个凸二次规划问题求解，并能得到全局最优解。对数据的二分类问题，SVM 的原理可以简单描述为：寻找一个满足分类要求的超平面，使得该超平面在保证分类精度的同时最大化超平面两侧的空白区域。理论上来讲，SVM 能够实现对线性数据的最优分类。对于非线性分类问题，SVM 采用核映射的方法将低维空间中的非线性分类问题转化为高维空间的线性分类问题，而不需要知道非线性映射的具体形式和高维空间的维数，避免了“维数灾难”。基于 SVM 的分类问题包括以下三种情况：

① 当训练样本线性可分时，通过硬间隔最大化，学习一个线性可分支持向量机；

② 当训练样本近似线性可分时，通过软间隔最大化，学习一个线性支持向量机；

③ 当训练样本线性不可分时，通过核技巧和软间隔最大化，学习一个非线性支持向量机。

关于支持向量机算法的理论将在第 2 章有详细的论述。

(6) 粗糙集

粗糙集理论是波兰数学家 Pawlak Z. 于 1982 年提出的一种新的处理模糊和不确定性知识的数学工具[35]。其主要思想就是在保持分类能力不变的前提下，通过知识约简来导出问题的决策或分类规则。粗糙集分类理论是将分类知识嵌入粗糙集理论的集合内，根据分类知识可以判断一个对象 a 是否属于集合 X，包括下述情况：

① 对象 a 一定不属于集合 X；

② 对象 a 一定属于集合 X；

③ 对象 a 可能属于 X 也可能不属于集合 X。

令 $X \subseteq U$，R 是 U 上的一个等价关系。如果 X 能表达成某些 R 的基本范畴，就说 X 是 R 上可定义的；否则称 X 是 R 不可定义的。我们可以进一步使用两个精确集对粗糙集进行描述，这两个精确集分别是上近似（upper approximation）$\overline{R}X = U\{Y \in U/R \mid Y \cap X \neq \Phi\}$ 和下近似（lower approximation）$\underline{R}X = U\{Y \in U/R \mid Y \subseteq X\}$。集合 X 的不精确是因为边界域而引起的，所以说集合 X 是一个粗糙集。对应于一个粗糙概念，只能通过上近似集和下近似集这对精确概念来“近似”地描述[36]。

粗糙集理论与传统的集合论很类似，不同的是，传统集合论认为：一个元素要么属于，要么不属于一个集合，即它的隶属函数非 0 即 1，也就是 $\mu_x(X) \in \{0, 1\}$。而模糊集合为每个集合元素赋予一个隶属度：$\mu_x(X) \in [0, 1]$，这样对于不确定的数据，就可以通过粗糙集理论赋予它们一个隶属度。而且隶属关系不需要人为的设定，所以不会有主观因素的影响。

粗糙集理论，是继概率论、模糊集、证据理论之后的又一个处理不确定性的数学工具。因为在很多实际系统中均不同程度地存在着不确定性因素，采集到的数据常常包含着噪声点，具有不精确甚至不完整性的特点，而粗糙集在处理这类数据时表现出了较好的优势，所以作为一种较新的软计算方法，粗糙集近年来越来越受到重视，其有效性已在许多科学与工程领域的成功应用中得到证实，是当前国际上人工智能理论及其应用领域中的研究热点之一。

（7）遗传算法

生物界中种群不断衍化，个体间作为父本和母本产生新的个体，在这一过程中，基因进行交叉、变异、选择，通过不断的衍化，种群呈整体优化趋势，使得整体的基因逐渐得到改良。而遗传算法就是从上述生物遗传规律总结而出的，与达尔文的物种进化、适者生存的原理相符合。对遗传算法贡献最大的生物学理论还应该数孟德尔的豌豆杂交试验，其中的染色体交叉、基因变异等理论，对遗传算法都给出了直接的启示。遗传算法包括以下三方面内容[37]：

① 解码和译码

进化计算求解问题的第一步是对问题的可能解进行编码，目的是有效地执行遗传操作。它将问题的解空间映射到编码空间。编码是用简单的位串的形式来表示结构比较复杂的问题，与编码相反，译码是将位串形式的编码还原为原问题结构的过程。

编码就是把所需要选择的特征进行编号，每一个特征的编码表示被称为基因表达或者染色体。编码空间被称作基因型空间或搜索空间。基因解码后所对应的解叫作表现型。常见的编码方式有二进制编码、排列编码、实数向量编码以及结构式编码等。

② 适应度函数

适应度用于评价个体的优劣程度，适应度越大个体越好，反之，适应度越小则个体越差。根据适应度的大小对个体进行选择，以保证适应性能好的个体有更多的机会繁殖后代，使优良特性得以遗传。在遗传算法中的适应度函数体现的就是染色体的适应能力，对该种群中每一个染色体进行度量的函数。在优化问题中，适应度函数就是目标函数，用来选出最优或是局部最优。适应度函数的选取直接影响到遗传算法的收敛速度以及能否找到最优解。

③ 遗传操作

遗传操作又称为遗传算子，就是关于染色体的运算。三种基本遗传算法包括：选择操作，交叉操作，变异操作。

a. 选择操作

选择操作是根据个体的适应度函数值所度量的优劣程度决定它在下一代是被淘汰还是被遗传。通常做法是：对于一个规模为 N 的种群 S，按每个染色体 $x_i \in S$ 的选择概率 $P(x_i)$ 所决定的选中机会，分 N 次从 S 中随机选择 N 个染色体并进行复制，按各染色体适应度函数值的大小比例来决定其被选择数目的多少。某一个染色体被选择的概率为：

$$P(x_i) = \frac{f(x_i)}{\sum_{j=1}^{N} f(x_j)} \tag{1-13}$$

式中，x_i 为种群 S 中第 i 个染色体；$f(x_i)$ 为该染色体的适应度值。按照该算法从旧的种群中选择适应度高的染色体，放入匹配集（缓冲区），为以后染色体交叉交换、变异，产生新的染色体做准备。

b. 交叉操作

交叉操作就是随机选择两个染色体作为双亲染色体，选择一种合适的交叉方式进行交叉交换，从而产生新的下一代染色体。

c. 变异操作

在生物学中，由于自然界或是外界环境发生改变，影响了基因型的表达，被称为基因突变。生物进化中的基因突变可以产生染色体的多样性，使得物种呈现出不同的表现形式。而遗传算法中的变异操作就是模拟了生物进化中的基因突变环节。遗传操作中，染色体二进制编码中的变异操作通常就是将某一基因位由 1 突变成 0，或者由 0 突变成 1。

遗传算法经过几十年的发展，从工业生产到人文社科等很多领域都有广泛的应用。在工程领域特别是人工智能和控制领域中的超大规模、非线性系统优化问题中，遗传算法成为非常实用、有效的求解工具，解决了传统方法难以解决的问题。与此同时，遗传算法也为复杂系统的优化提供了新的行之有效的途径。尽管遗传算法具有很多优势并且在很多领域具有广泛的应用价值，但仍存在一些问题，例如局部搜索能力差、收敛性能较差，存在随机漫游、寻求最优解耗时长等问题。

（8）神经网络

神经网络（Neural Networks）是一种由许多神经元节点按照某些特定规则连接构成的信息处理网络，可以模拟人脑的功能对训练样本进行学习分类。对于它的研究很早就已经出现，今天的“神经网络”已经是一个应用相当广泛、结构复杂、多学科交叉的学科领域。Kohonen 给出的神经网络的定义是：“由具有适应性的简单单元组成的广泛并行互连的网络，它的组织能够模拟生物神经系统对真实世界物体所作出的交互反应。”神经网络中最基本的成分是神经元（neuron）模型，即定义中的“简单单元”。在神经网络中，每个神经元与其他神经元相连，神经元接收到自 n 个其他神经元传递过来的输入信号，这些输入信号通过带权重的连接进行传递，神经元接收的总输入值将与神经元的阈值进行比较，然后通过“激活函数”处理以产生神经元的输出。神经网络的学习过程就是由训练数据来学习神经元之间的“连接权”以及功能神经元的阈值。常见的神经网络是层级结构，每一层神经元与下一层神经元完全互连，神经元之间是跨层连接，不存在同层连接。这样的神经网络结构称为“多层前馈神经网络”[38]。以多层前馈神经网络为例，其结构由以下几个部分构成：输入层、隐藏层和输出层，其结构如图 1-1 所示。

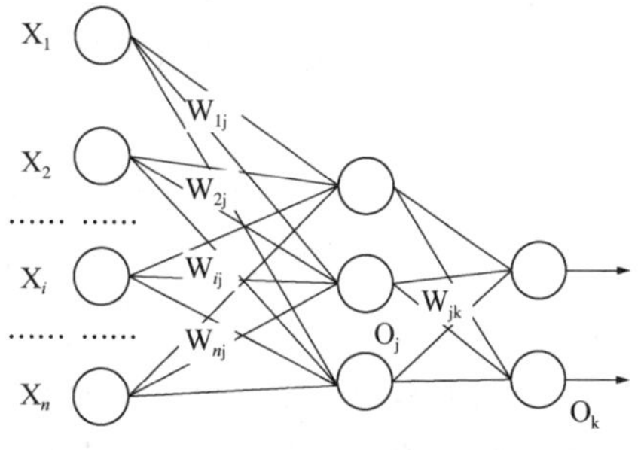

图 1-1　多层前馈神经网络结构图

多层前馈神经网络的输入层神经元接收外界输入，隐藏层与输出层神经元对信号进行加工，最终结果由输出层神经元输出。多层前馈神经网络特点如下：

① 每层由单元组成；

② 输入层是由训练集的实例特征向量传入；

③ 经过连接节点的权重传入下一层，上一层的输出是下一层的输入，每层节点的输出由上层节点决定，只要有足够多的隐藏层单元就能保证以任意的精度逼近任意的函数；

④ 隐藏层的个数可以是任意的，输入层有一层，输出层有一层；

⑤ 每个单元也可以称为神经节点；

⑥一层中加权求和，然后根据非线性方程转化输出。

神经网络结构的设计如下：

① 使用神经网络训练数据之前，必须确定神经网络的层数，以及每层单元的个数；

② 特征向量在被传入输入层时通常要先标准化到 0~1 之间；

③ 离散型变量可以被编码成每一个输入单元对应一个特征值可能赋的值；

④ 神经网络既可以用来做分类问题，也可以解决回归问题，对于分类问题，如果是二分类，可以用一个输出单元表示(0 和 1 分别代表类标签)，如果是多类，则每一个类别用一个输出单元表示；

⑤ 没有明确的规则来设计，最好有多少个隐藏层，可以根据实验测试和误差以及精准度来实验并改进。

(9) 深度学习

随着云计算、大数据时代的来临，计算能力大幅度提高，克服了以往的复杂机器学习模型训练效率低、易陷入过拟合等缺陷，以深度学习为代表的复杂学习模式也因此开始越来越受到人们的关注。

深度学习的概念源于人工神经网络的研究。深度学习是机器学习研究中的一个新的领域，其动机在于建立、模拟人脑进行分析学习的神经网络，它模仿人脑的机制来解释数据，例如图像、声音和文本。典型的深度学习模型就是很深层的神经网络，含多隐藏层的多层感知器就是一种深度学习结构。深度学习通过组合低层特征形成更加抽象的高层表示属性类别或特征，以发现数据的分布式特征表示。增加更多的隐藏层或者单纯增加隐藏层神经元的数目是提高容量的一个简单办法，但是前者通常比后者更有效，因为增加隐藏层数目不仅增加了拥有激活函数的神经元数目，还增加了激活函数嵌套的层数，当然也就会增加相应的神经元连接权和阈值等参数。深度学习通常采用无监督逐层训练方法，其基本思想是每次训练一层隐藏层节点，训练时将上一层隐藏层节点的输出作为输入，而本层隐藏层节点的输出作为下一层隐藏层节点的输入，这种方式被称为“预训练”，在预训练全部完成之后，再对整个网络利用监督学习进行参数微调。简单地概括深度学习的核心思想，包括以下三个方面：①无监督学习用于每一层网络的“预训练”；②每次用无监督学习只训练一层，将其训练结果作为其高一层的输入；③用监督学习去调整所有层[39]。

深度学习架构如下：

① 生成式深度架构(Generative deep architectures)，类似于生成模型，主要是用来描述可见对象的特征或者具有高阶相关性的可观测数据，主要用于模式分析或者是总和的目的，或者是描述这些数据与它们的类别之间的联合分布。

② 判别式深度架构(Discriminative deep architectures)，类似于判别模型，经常用来描述在可见数据条件下物体的后验类别的概率，主要用于实现模式分类。

③ 混合深度架构(Hybrid deep architectures)，目标是分类，但是和生成结构混合在一起了。例如，以正在或者优化的方式引入生成模型的结果，或者使用判别标注来学习生成模型的参数。

④ 深度前馈网络、卷积神经网络和递归神经网络(Deep Feedforward Networks，Convolution Neural Networks and Recurrent Neural Networks)，分别对应着以下三种深度学习架构：

a. 深度前馈网络(Deep Feedforward Networks)，也叫作前馈神经网络(Feedforward Neural Networks)或者多层感知机(Multilayer Perceptron，MLP)，是典型的深度学习模型。

b. 卷积神经网络(Convolutional Neural Networks，CNN)是一类包含卷积计算且具有深度结构的前馈神经网络(Feedforward Neural Networks)，是深度学习的代表算法之一。它的人工神经元可以响应一部分覆盖范围内的周围单元，对于大型图像处理有出色表现。它包括卷积层(convolutional layer)和池化层(pooling layer)。

c. 递归神经网络(Recursive Neural Networks，RNN)是深度学习的主要部分之一，允许神经网络处理文本、音频和视频等数据序列。它们可以用来将序列组成高层次的理解，对序列进行注释，甚至可以从头开始生成新的序列。是一种通过隐藏层节点周期性的连接，来捕捉序列化数据中动态信息的神经网络，可以对序列化的数据进行分类。

1.3.3 常见的数据分类问题概述

(1) 二分类问题概述

二分类是最常用的一种数据分类方式，最初的分类问题通常都是基于二分类提出来的。所谓的二分类问题就是将待分数据实现两个类别的划分，即在二分类问题中，通常分类的结果只有两个：是(Yes)和不是(No)。

二分类问题在现实生活中经常遇到，例如银行系统在办理信用卡业务的时候，往往会根据客户的收入、年龄、职业、存款以及消费记录来决定是否给客户发售信用卡；对于一篇文章，根据它的内容来判断是否是用户感兴趣的；对于一个病人，我们要根据他的各项参数指标，判断他是否生病；对于某个设备，我们根据该设备的各个性能参数，判断它是否出现故障；等等。

支持向量机最初就是为了解决二分类问题而提出来的。从分类的角度来讲，SVM 本质上就是二值分类器，对于小样本、非线性及高维数据具有良好的分类效果，但它不能直接用来解决多分类问题。

(2) 多分类问题概述

如上所述，诸如支持向量机这样的分类器设计之初是为了解决二分类问题的，但是在现实生活中，存在着大量多分类的情况，例如：银行会根据信用卡的还款记录对客户的信用级别进行多层次划分；企业对生产设备出现的故障情况进行不同级别的归类；商家根据顾客的消费习惯、购买行为以及消费心理对商品进行分类；等等。

因为 SVM 算法不能直接用于多分类，所以要实现基于 SVM 的多分类，只能从算法模型上进行改进或者通过多个二分类器的组合来实现。目前，基于 SVM 的多分类方法主要分为直接法和间接法，其中：

① 直接法：修改决策函数，使得多个决策超平面的参数集成在同一个二次规划问题中，然后再去求该优化问题的解，通过模型“一次性”地解决多分类问题。直接法原理简单、易于理解，但是运算量大、计算麻烦，并不适用于大型数据的多分类，所以该方法并不常用。

② 间接法：由多个二分类器按照某种规则进行集成，从而构成多分类模型，常用的多分类算法有：一对一、一对多、有向无环图、纠错输出编码法、二叉决策树方法、层次多类支持向量机算法等。本书第 5 章将采用其中的几个多分类算法和改进的决策树支持向量机多分类算法进行比较，所以本书第 5 章中将会详细介绍上述这些多分类算法的主要思想。

(3) 非均衡数据分类问题概述

非均衡数据指的是两个不同类的数据对象在数目上差异较大，即大类和小类样本在数量上存在着严重的失衡。非均衡数据集在生产实际中随处可见，例如：生产设备的故障发生概率非常小；信用诈骗、违约贷款等经济事件可能一百个就存在几个。在非均衡数据集中，人们往往更加关注小类样本的正确识别，因为小类样本往往比大类样本包含着更多的关键信息，所以，前者的正确识别率往往比后者更重要。

非均衡数据的分类方法主要包括两个方面：基于数据层面上的处理和基于算法层面上的处理。

基于数据层面上的方法主要针对数据对象在数量上的不均衡性，对大类和小类样本进行重构，从而降低它们之间的不平衡程度。在数据层面上进行样本处理的方式大体分为两种：向上采样（Over-Sampling）技术和向下采样（Under-Sampling）技术，前者也被称为过采样技术，后者也被称为欠采样技术。

过采样技术的主要原理是：人工增加少数类数据对象，使得小类和大类在样本数目上达到平衡；反之，欠采样技术主要是人为地减少大类的样本数量来达到数据平衡的目的。其中，过采样方法是比较常用的基于数据层面的处理方法之一。最简单的过采样方法是通过简单机械地复制少数类的数据对象以达到增加小类样本数量的目的，被称为随机过采样技术。它的不足之处是：并没有将新的有用的信息加入小类数据对象中，会使分类模型训练得到的决策区域减小，从而导致过学习。为了解决上述缺点，国内外学者提出了有关 SMOTE 的众多改进算法，在本书的第 3.1 节将会有详细的介绍。

除了上面提到的各种基于数据层面的处理方法以外，也有一些方法是基于算法层面上的改进，在分类模型上通过引入某些机制（如重置惩罚因子等方法）来消除数据不平衡的影响，如 Joshi 等对 Boosting 算法的改进[40]以及 Guo 等提出了一种 Data Boost-IM 方法[41]，Wu 等对支持向机量方法的改进[42]，Huang Kaizhu 等提出的 BMPM 算法[43]等。

(4) 增量学习分类算法概述

大多数的机器学习方法都是以批量学习（Batch Learning）为模式的，该模式是在训练开始之前，可以一次性地获取全部训练样本点，然后使用训练数据进行分类器的训练，得到分类模型之后，学习就可以结束了，不需要再对新的知识进行学习了。然而在现实中，很多时候训练数据集并不是一次性获取的，而是分批次、逐步获取的。除此以外，样本数据有时也会随着时间的变化而发生连续变化，即样本信息是连续变化的，例如流数据。此时，如果抛弃每一次训练和学习的结果，将新旧数据放到一起再进行重新学习，在数据规模较大的情况下会耗费大量时间和空间，在这种情况下，增量学习模式被提出。

人类自身的学习过程就是一个非一次性的、循序渐进的学习过程，我们每天接受新的知识，然后和之前的学习成果进行累加。增量学习正是模仿了这种学习方式，它可以分批获取新的知识，其学习体系能够有效地利用历史训练结果，在此基础上，不断地、分批次地从新增加的数据中获取新的知识，是一个不断累积的过程。

在生产实践中，想在训练初期就能一次性获取全部样本有时是很难做到的，而基于增量学习的分类算法可以解决这个问题。对于新增样本，系统可以丢掉无用的或者与初始训练结果无关的部分，只保留有用的或者与初始学习结果相关的样本继续训练，以提高学习效率。其分类算法具有以下特点和优势[44]：

① 能够充分利用历史学习结果，对于动态获取的数据进行分类学习，从新加入的样本中获取到新知识，不需要对全体数据进行反复训练；

② 可以在不丢弃初始学习结果的同时继续学习新内容；

③ 该过程不需要关于整个训练集的先验知识；

④ 无须保存历史数据，使得内存空间的占用率减少，空间复杂程度得到了简化。

基于增量学习的优点，该方法常常用于动态更新的流数据分类，例如股票交易数据分类；也常用于规模较大的数据分类，如网络文本分类等。对增量学习算法的深入研究可以帮助我们更好地学习、仿真和模拟人类神经系统的机制以及人类自身的学习模式，为新的学习和计算模型的研究以及更高效的分类算法的开发提供依据。

1.3.4 数据预处理

(1) 数据预处理原因

数据预处理指的是在进行数据操作之前将格式不正确或者系统不便于处理的数据进行合理的处理。在生产实践中，我们获得的数据往往并不是理想的，如不完整的、含有缺失值的数据，重复的数据或者高噪声的数据。如果把这些数据直接拿来进行操作，往往得不到理想的效果，因此在使用之前需要进行数据预处理。数据质量不理想的情况有很多，主要包括以下几种情况：

① 数据不准确：数据不准确指的是采集到的数据出现偏差或者误差的情况。

造成数据不准确的原因有很多，如设备出现故障、人为或者环境因素干扰、数据采集手段落后或者传输过程出现技术偏差等。

② 数据的不完整：数据的不完整指的是采集到的数据出现一部分属性值或者重要的属性值缺失，技术原因或者数据加密等原因可能会造成这种情况发生。

③ 数据集不平衡：非均衡数据集指的是不同类的数据对象在数量上存在较大差异，这种差异会导致分类模型过于专注多数类，而忽视了少数类的分类精度。

（2）数据预处理方法

数据预处理的方法一般包括数据清洗、数据集成、数据约简和数据转换[45]四个方面。

① 数据清洗

数据清洗是对冗余样本进行清理、对丢失的数据进行补充、对错误的数据进行校正或删除，最后整理出可以进一步处理和使用的数据。一般情况下，下列四种数据需要进行清洗：不完整的数据、离群或者异常样本点、重复数据和噪声数据。数据清理一般包括：缺失值处理、离群值或异常值处理、去重处理、噪声数据处理等。

缺失值处理：不完整数据在数据采集中经常会遇到，在对这些数据分类之前需要采用合适的方法对它们进行处理，处理的效果对于分类的准确性有着至关重要的影响。缺失值的处理方式根据缺失率、缺失属性的重要程度以及数据分布特性来决定。针对不同的缺失情况，可以采用不同方法进行修补和处理，其中，均值法、随机填补法、插补法、建模法、回归填补法、多重填补法等都是常用的方法。

异常值处理：由于系统误差、设备故障、人为操作不当或者数据本身等原因，造成的采集到的样本和总体样本存在诸如结构、特性、相关性等差异较大的情况，这样的数据被称为异常值。尤其是对数据自身原因造成的异常值进行有效的分析，可以挖掘出隐藏更深、更多的有用信息。通常情况下，异常值检测有以下几种方法：(a)统计学方法对异常值的检测方法，包括：3σ 探测方法、散点图、四分位数展布法、基于分布的异常值检测等；(b)基于距离的异常值检测；(c)基于偏离的异常值检测；(d)基于分类模型的异常值检测等。

去重处理：如果要处理的数据中含有较多重复记录就会造成数据冗余，造成存储空间的浪费，降低分类效率。可以先按照一定规则或者次序对训练样本进行排序，重点检测排列比较靠近的数据记录，看它们是否出现了重复。然后对相似程度较高或者完全重复的样本进行删除，降低数据的重复率。

噪声数据处理：噪声数据，是采集到的错误或异常数据对象，通常指偏离期望值或者均值较大的样本。在分类之前，通常要对噪声数据或孤立样本点进行去噪处理，才能提高数据质量，达到理想的分类效果。对于噪声数据的处理，常用的方法有：分箱法、回归法以及聚类法等。

② 数据集成

对于不同格式和不同接口的数据系统，存储在其中的数据由于系统之间的不关联性和独立性造成了数据冗余、格式不一致以及访问的不连贯性。数据集成可以对来自不同系统、具有不同形式或者不同属性、特征的数据对象进行集成，通过数据之间的关联有效地解决数据冗余、数据不一致、数据冲突以及异构系统互访等问题。数据集成的任务是利用某些方法将存储在不同结构的数据仓库中的数据对象按照某种方式进行集合，便于不同的系统和用户之间相互访问和存取。通过数据集成，不仅可以解决数据冗余和数据不一致等问题，还能够提高不同结构的数据库之间的互访能力。

③ 数据约简

大数据时代，数据规模和数据维度飞速增长，规模巨大的高维数据往往会引起决策支持以及数据管理等方面的诸多问题。因此，要实现数据分类的高效和准确，需要在构建分类模型之前降低数据规模或者维度，实现数据约简。如将不相干或者不重要的属性删除；将连续变量离散化等。经过这样的操作或处理，可以实现数据规模的减小、高维数据转化为较低维数据等目的，节省数据存储空间，减少分类模型的训练时间。数据约简的方法有很多，如层次分析法、主成分分析法、随机抽样、免疫算法等。

④ 数据转换

对数据进行处理的时候，得到的数据格式往往是不能直接处理的或者处理效果并不理想的，这个时候需要将数据从一种格式或结构转化为可以处理的或者更好处理的数据格式或结构，这个过程被称为数据转换。它包括数据规范化、归一化、正则化、标准化等操作，上述操作主要是基于一定的规则或者通过统计学方法，将数据转换为统一的格式，以便最小化数据差异，更好地统一处理数据。

1.3.5 分类算法性能评价

(1) 评估方法

为了评估分类器的性能，我们往往要通过仿真实验来进行验证。在实验中，需要将数据集分为训练集和测试集，用来训练分类模型的训练样本是带有标签属性的，而用来测试分类器性能的测试样本是不带有标签属性的，使用训练集构造分类模型，使用测试集评价分类模型。数据集划分为训练集和测试集的常见方法：留出法、交叉验证法和自助法[38]。

留出法：将数据集 D 分为两个互斥的集合，一个为训练集 S，另一个是测试集 T，集合 S 中的数据对象是带有类标签的样本，集合 T 中的数据对象是不带类标签的未知样本。先使用 S 集合的样本训练分类器之后，再通过分类器给出集合 T 中的样本类标签，然后对分类器的误差进行评估，并将它作为对泛化误差的估算。例如：要评估一个二分类的分类模型，假设数据集包含 600 个样本，其中训练集 S 包含 400 个样本，测试集 T 包含 200 个实例，使用集合 S 构建分类模型之后，使用集合 T 去测试，如果测试集的 200 个样本点中有 40 个分类错误，那么错误率为：$(40\div200)\times100\%=20\%$，所以精度为 80%。值得注意的是：在划分集合 S 和集合 T 的时候，要尽可能地保持数据分布的一致性，否则，因为划分引起的偏差会影响到分类精度的测评。例如：划分测试集 T 的时候，如果集合 T 中只包含一种特殊类型的数据，这样测试的时候就会产生额外的误差。这个时候要根据具体情况进行处理，如果数据的类别是有限类时，可以采用“分层采样”的方法来为集合 T 选择样本，以确保数据分布比率的一致性。此外，使用留出法在划分集合 S 和 T 的时候，划分方式有很多，不同的划分方法就会得到不同的 S 和 T，这样，如果只使用一次留出法最后得到的分类结果并不稳定，就需要多次使用该方法进行实验，用平均值作为最后的结果。

交叉验证法：设数据集 $D=D_1\cup D_2\cup\cdots\cup D_k$，且 $D_i\cap D_j=\Phi(i\neq j,\ i,\ j=1,\ 2,\ \cdots,\ k)$，也就是在尽可能考虑数据分布一致性的前提下，将集合 D 分成了 k 个大小相似的互斥子集。每次划分，选择其中 $k-1$ 个子集的并集作为训练集，余下的集合作为测试集，循环 k 次，可以获得 k 组训练/测试集，分别进行 k 次训练和测试，得到 k 个测试结果，用它们的均值作为最终的分类结果。这个方法被称为“k 折交叉验证”，k 的常用取值是 5、10、20，对应的方法分别称为：五折交叉验证法、十折交叉验证法以及二十折交叉验证法，k 的取值会影响评价结果的稳定性。五折交叉验证示意图如图 1-2 所示。

自助法：假设数据集为 D，每一次都对集合 D 有放回地抽取 m 次，产生训练集 S，含有 m 个数据对象。在集合 D 中的某些数据对象很可能在训练集 S 中重复出现，没能被集合 S 选中的数据对象最后组成测试集 T。在数据集 D 规模不大或者对于训练集 S 和测试集 T 的有效划分较难时可以考虑使用该方法。除此以外，自助法能从集合 D 中生成多个不同的训练集 S，非常有利于集成学习。因该方法改变了原始数据集的分布，会引起误差，所以，当数据集 D 中含有足够多的样本实例时，“留出法”和“交叉验证法”使用得更多一些。

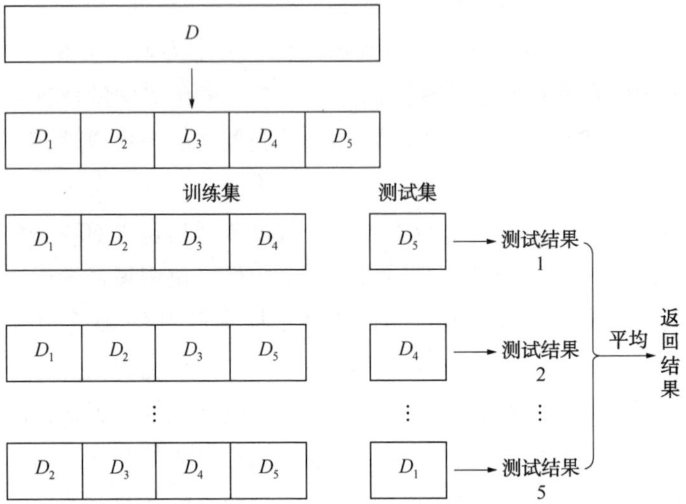

图 1-2　五折交叉验证示意图

(2) 性能评估指标

评价分类模型的好坏，需要设计合理的、切实可行的实验方案，还要有合理的性能评估指标用于评价该模型的分类精度和泛化能力。性能评估往往和数据挖掘的任务需求有关，不同的任务需求、不同的算法，对模型的精度要求和评价标准也不同，选择的性能评价指标也不同。分类任务中的常用的性能评估指标主要有以下几个。

① 错误率和精度

对于分类算法的性能评价，错误率和精度(正确率)是最常用的两个指标，不论是对二分类模型还是对多分类模型均适用。错误率指的是在测试集合中，被错分的数据对象占总测试数据的比例；与之相反，精度指的则是被正确分类的数据对象占总测试数据的比例。错误率和精度的计算公式如下：

$$\begin{aligned} erro &= \frac{1}{m}\sum_{i=1}^{m} II[f(x_i) \neq y_i] \\ acc &= \frac{1}{m}\sum_{i=1}^{m} II[f(x_i) = y_i] = 1 - error \end{aligned} \tag{1-14}$$

式中，$\sum_{i=1}^{m} II[f(x_i) \neq y_i]$ 表示对分类错误的样本数量求和；$\sum_{i=1}^{m} II[f(x_i) = y_i]$

表示对分类正确的样本数量求和。

② 查准率、查全率、*F-measure* 和 *G-mean* 值

错误率和精度是常用的性能评价标准，但是它们不能满足所有的分类要求。例如：在信息检索中，人们往往关注的是“检索出的信息中真正对用户有价值的信息比例是多少”或者“对用户真正有价值的信息中有多少被检索出来了”。另外，这两个指标对于非均衡数据集的分类问题也不再适用，例如：现有一个非均衡数据集，包含 100 个数据对象，其中 99 个是正类，1 个是负类，如果构造一个分类器，将这 100 个数据对象都测试成正类，那么按照上述介绍的精度计算公式，该分类器可以达到 99%的训练精度，但很显然，这个分类器的性能并不好。所以，除了错误率和精度以外，还有新的分类性能评价标准被提出，如查准率(*Precision*)、召回率(*Recall*)、*F* 度量值(*F-measure*)和 *G* 值(*G-mean*)等，它们也常用来评价非均衡数据集的分类性能[38,46]。

本书的第 3 章要用到以上几个分类性能评估指标来评价非均衡数据集的分类效果，因此以非均衡数据集为例来介绍上述几个指标。设数据集为 *D*，该数据集为非均衡数据集，记该集合中少数类标号为正类(Positive)，多数类标号为负类(Negative)。*TP* 代表被分类模型正确识别的正类样本数量；*TN* 代表被分类模型正确识别的负类样本数量；*FN* 代表被分类模型错误识别为负类的正样本数量；*FP* 代表被分类模型错误识别为正类的负样本数量。可用分类结果的混淆矩阵来表示，见表 1-1。

表 1-1　分类结果的混淆矩阵

真实情况	预测结果	
	正类	负类
正类	*TP*(真正类)	*FN*(假负类)
负类	*FP*(假正类)	*TN*(真负类)

以少数类(正类)为例，其各项性能指标如下所示：

查准率：

$$Precison=\frac{TP}{TP+FP} \tag{1-15}$$

召回率：该值越高，分类模型将正类实例错分为负类的数目也就越少。

$$Recall=\frac{TP}{TP+FN} \tag{1-16}$$

通常查准率和召回率是一对矛盾的指标，当其中一个指标值高时，另一个指

标值往往偏低，通常只有在一些简单的分类任务中，才可能出现这两个指标值都很高的情况。

F 值：在综合考虑查准率和召回率的基础上，给出了 *F-measure*：

$$F\text{-}measure=\frac{(1+\beta^2)\times Precision\times Recall}{\beta^2\times Precision+Recall} \tag{1-17}$$

式中：β 取值为[0，∞)。$\beta<1$ 时强调 *Precision* 的作用；$\beta>1$ 时强调 *Recall* 的作用；当 $\beta=1$ 时，*Precision* 与 *Recall* 对于模型评价有着同样重要的作用，也就是常用的 F_1 指标，即

$$F_1=\frac{2Precision\times Recall}{Precision+Recall} \tag{1-18}$$

本书第 3 章采用的 *F-measure* 值即为 F_1 值。

G 值：对于非均衡数据的分类，两个类别的性能都需要考虑，尽量保持两者的平衡。在这种情况下，*G-mean* 值被提出。它是少数类和多数类分类精度的几何平均值，忽略了样本数量之间的差异，该值较高说明多数类和少数类的分类效果都比较好。

$$G\text{-}mean=\sqrt{\frac{TP}{TP+FN}\times\frac{TN}{FP+TN}} \tag{1-19}$$

对于非均衡数据的分类，*F-measure* 和 *G-mean* 是两个常用的性能评价标准。

③ ROC 曲线与 AUC 值

一般情况下，分类算法可以通过一个实值或者概率预测值来表示分类结果，然后通过这个实值或者这个概率值和预先设定的某个阈值进行比较，从而判定测试样本的类别属性。例如：对于某个分类算法，如果设定当预测值大于给定的阈值时，该样本属于正类，那么预测值越大，该样本属于正类的概率越大。在实际应用中，我们可以提高阈值来提高查准率；也可以通过降低阈值来提高召回率。

ROC 曲线指的是受试者工作特征曲线/接收器操作特性曲线（Receiver Operating Characteristic Curve），它可以体现出不同阈值下的分类效果，即分类算法在不同任务需求下性能的好坏。它以图的形式展示了敏感度和特异度的关系，其原理是：对于连续变量设置多个不同的临界值，计算出一系列灵敏度和特异度的值，其中，前者也叫作“真正例率”（True Positive Rate，TPR），后者也叫作“假正例率”（False Positive Rate，FPR）。在分类任务中，根据分类器的预测结果对样本进行排序，以该排序为标准依次把样本作为正类样本进行预测，每次计算出 *TPR* 值和 *FPR* 值，并把它们分别作为纵坐标和横坐标绘制成 ROC 曲线，如图 1-3所示。其中，真正例率 *TPR* 值表示被正确分类的正类实例占全体正类实例

的比率；假正例率 FPR 值表示被错分成正类的负类实例占全部负类实例的比率。计算公式如下：

$$TPR=\frac{TP}{TP+FN} \tag{1-20}$$

$$FPR=\frac{FP}{TN+FP} \tag{1-21}$$

在现实中，我们绘制 ROC 曲线的时候，采用的测试样本的个数是有限的，所以只能获得有限个 TPR 和 FPR 坐标对，所以无法绘制出图 1-3(a) 中那种光滑的理想模型，只能绘制出图 1-3(b) 中近似的 ROC 曲线。

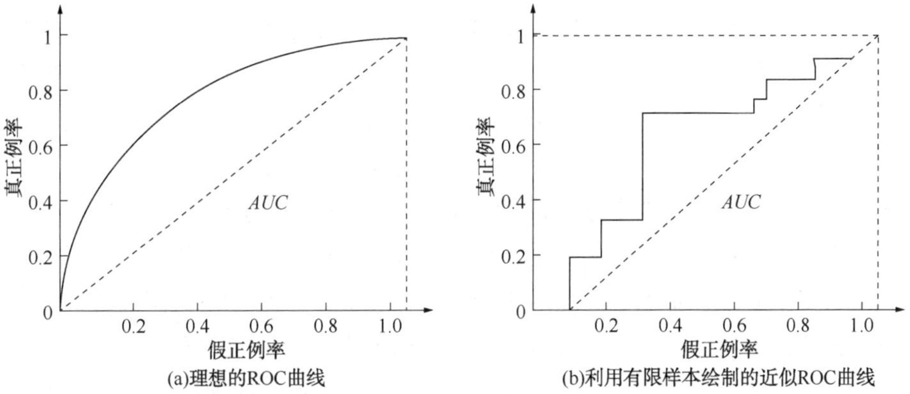

图 1-3　ROC 曲线图

在同一个图中比较不同分类模型的 ROC 曲线时，若两个分类模型对应的 ROC 曲线发生交叉，遇到这种情况，很难判断哪个分类效果更好，这就需要一个更合理的指标对此进行判定。为此，引入了一个新的指标——AUC(Area Under Roc Curve)。

AUC 值表示的是 ROC 曲线下方包含的面积，其值越大，说明曲线下方的面积越大，说明分类模型的性能越好。很显然，当 $AUC \leqslant 0.5$ 时，分类模型没有预测价值，所以只有 AUC 的值位于 0.5 和 1 之间，才能说明分类模型有预测价值。在 $AUC>0.5$ 的情况下，AUC 的值越靠近 1，说明分类精度越好。通常认为：①当 $0.5<AUC<0.7$ 时，分类的精度较低；②当 $0.7<AUC<0.85$ 时，分类器分类效果一般；③当 $AUC>0.85$ 时，分类器的精度较高；④当 $AUC=1$ 时，认为该分类器为完美分类器。

由于 ROC 曲线具有不随正负样本的分布变化而发生较大变化的良好特性，所以常常用它和 AUC 值来评价非均衡数据集分类器的优劣。

1.4 管道泄漏检测技术

1.4.1 管道泄漏检测技术概述

故障诊断技术就是通过各种检测方法，对设备的异常情况做出判断，找出引起故障的异常数据，分析原因、判断类型，在早期进行恢复或者维护，是提高设备安全性运行、维护生产流程的正常运转、提升产品质量并降低生产成本的重要保证，它可以有效地避免重大事故的出现，从而避免人员伤亡或者财产损失[47]。因此，及时、准确、有效地检测到设备故障，是确保企业安全生产、设备安全运行的重要保证。20 世纪 90 年代，Frank 将这些检测方法分成三类，即基于解析模型的方法、基于数据驱动的方法和基于知识的方法[48]。随着信息时代的到来，在智能程度越来越高的现代流程工业中，产生和存储了大量生产数据，而故障诊断技术的发展也越来越依赖于计算机和自动化手段收集的相关数据，如何从这些复杂的、形式各异的数据中进行准确的分类是目前研究的重点问题之一。所以，基于知识发现的数据挖掘技术也因此成为故障诊断的最新手段和方法。

在众多企业中，石油、天然气生产和运输企业由于其产品的特殊性，对其生产和设备的安全性以及可靠性有着非常严格的要求。管道输送系统在长期使用过程中由于线路老化或腐蚀、自然灾害影响、人为破坏等各种原因难免会发生泄漏。一旦油气管道发生泄漏，可能会引起火灾、爆炸、环境污染、财产损失甚至人员伤亡等重大事故。因此，在油气生产及运输行业，安全管理和设备质量管理一直是其管理活动的焦点，对油气泄漏的管控是其管理决策工作的重中之重。2000 年，国家经贸委颁布了《石油天然气管道安全监督与管理暂行规定》，对油气管道安全管理工作做了明确规定，包括："石油企业对石油管道设备、设施应当定期检查和维护，使其处于完好状态"；"石油企业应当制定石油管道事故预案，对影响管道安全运行的重大隐患或发生管道破裂、断管等重大事故时，应当组织力量立即处理"以及"应当建立石油管道检测档案，原始数据及数据分析结果应当妥善保存"等。因此，不断提高管道泄漏检测和识别技术对于保障管道的安全、经济、平稳运行具有重要意义，主要表现在：①为国家和企业减少或避免泄漏事故带来的经济损失；②避免或减少因为泄漏带来的环境污染；③为天然气管道公司在管线维护、维修方面节约资金；④提高管道的安全运行能力和管道运营质量，从而节约人力资源、提高生产力[49]。

管道泄漏检测技术和检测方法对于石油、天然气企业的安全管理有着非常重要的意义，因此，国内外很多学者针对管道泄漏检测技术开展了大量的研究工作。常用的检测方法中有基于硬件的方法，即通过相关的设备安装在管道上对泄漏进行监测和定位，包括直接观察法、半渗透检测管法、声发射技术法等；除此以外还有基于软件的方法，例如：利用 SCADA 等信号采集系统实时采集管道的流量、声波、压力、温度等参数，然后采用数学模型、智能分析、优化算法等各种方法判断泄漏的发生情况、位置、等级、类型等。经过国内外多年研究，包括次声波检测法、负压波检测法、超声波检测法、光纤检测法等多种检测方法已经被广泛应用在油气管道泄漏诊断决策工作中。

早期的管道泄漏检测技术主要通过各种检测仪器直接监测管道介质的泄漏情况，例如地表打孔检漏法等。随着计算机和信息技术的高速发展，现代化检测手段日益发展并成熟，SCADA 系统、人工智能以及数据挖掘技术已经被广泛应用到长输管道的泄漏检测与定位工作中。常用的管道泄漏检测系统主要通过各种信号采集和监测手段检测到运输管道中油气的流量、压力、声波信号等参数，通过分析它们的变化过程来判定管道运行状况。目前常用的管道泄漏检测方法包括：流量检测法、负压波检测法、光纤检测法、次声波检测法等。其中，次声波检测法通过采集次声波信号来判断泄漏是否发生，该方法对于管道的状况及泄漏量十分敏感，除此以外还具有安装方便、不易受现场采集环境影响的优势[50]。所以，基于次声波的泄漏检测技术是目前石油、天然气企业中常用的故障检测手段之一，它可以及时检测到泄漏的发生，并能完成稳定的信号采集工作。因此，使用数据挖掘和人工智能技术，针对次声波泄漏系统采集到的参数和信号进行分析和研究，并采用相应的算法对其进行识别与分类，准确有效地判断管道运行状况，对于进一步提高石油、天然气企业故障诊断水平，保证长输管道的安全运输，最大限度地降低事故发生率，提高企业的安全生产和管理具有重要的理论意义和现实意义。

在管道次声波泄漏检测系统的测试阶段，需要通过放气来模拟泄漏，由于泄漏数据采集方式的特殊性使得获取的样本为容量有限的小样本，除此以外，由于现场采集时间、地点、环境及检测目的、手段的不同，使得采集到的数据往往具有不同类型以及分类需求，例如：采集的数据是泄漏样本远少于正常样本的非均衡数据；或者受采集现场环境、采集设备电路噪声等影响采集到的高噪声数据；或者根据抢修措施的不同级别需要进行多分类的样本数据；除此以外，由于泄漏数据的采集时长、采集现场条件限制等原因可能会使数据的采集是分批次、动态获取的，而不是一次性获取。

20世纪90年代初，国外公司和学者纷纷开展了关于管道泄漏的智能检测工作。荷兰壳牌(Shell)公司的Zhang分析了管道泄漏时压力与流量的关系，基于统计方法对上述两个指标进行分析，实现对泄漏的检测和定位，利用该方法已经开发成相应的软件，广泛应用在长输管道运输系统中，但是计算精度还有待于进一步提高[51]；Ferrante等提出的方法则是利用压力频域解析解原理进行故障的识别和定位[52]；Hunaidi等将包括表征声音或振动信号的频率内容作为泄漏类型、流量、管道压力和季节的函数，确定衰减率、传播速度随频率的变化，总结了不同影响因素以及泄漏形式对泄漏信号检测的影响[53]；Lee等利用信号幅度衰减法判断泄漏位置[54]；2002年，Witness等提出了一种利用瞬态压力检测管道系统泄漏的新方法，采用特性分析方法对开关阀产生的瞬态流进行时域分析，并通过快速傅里叶变换将分析结果转换到频域，通过大量仿真实验，证明了该方法的广泛适用性以及高效性[55]；2003年，Ferrante等利用小波变换对压力信号的奇异点进行故障信号的提取[56]；2005年，Da Silva等提出了一种基于聚类和分类的管道泄漏检测方法，将模糊决策方法用于分类，识别运行和过程瞬态并讨论了瞬态过程与质量平衡偏差的关系，该策略可以更好地识别泄漏[57]；Toshitaka等提出一种简单而稳定的泄漏检测方法，利用声学方法辅助模式识别技术，以数字信号、声音和伪声音的形式采集地下泄漏管道的样本，并提出了基于残差、DSF和阻尼比的SVM泄漏检测方法[58]；Mashford等研究者提出在压力传感器采集数据监测管道泄漏情况的基础上，将SVM应用于预测性能评价、泄漏大小识别的检测工作中，获得了较好的效果[59]；除此以外，国外各大学纷纷提出了基于声波技术、小波变换、神经网络等数据挖掘和人工智能技术相结合的管道泄漏检测和识别手段。这些研究工作对于管道的安全运输具有十分重要的意义。

除此以外，国内学者在管道泄漏检测领域也做了大量工作。董东等提出了采用带时变噪声估计器的推广Kalman滤波方法，对管道的状态进行估计，并给出了一定的诊断机制[60]；2002年，王海生等提出了负压波法用于管道的泄漏检测，该方法原理简单、检测速度快、适用性强，但它对小泄漏的识别效果不好[61]；王立坤等在2006年采用小波包和神经网络相结合的方法用于管道泄漏声波信号诊断，最终实现泄漏检测的准确判断[62]；赵艳燕针对管道泄漏声发射信号的特点，采用小波包分析的特征提取和核主成分分析的特征选择方法，构造出新的特征参数作为支持向量机的输入向量，使用“改进二叉决策树”的多分类算法对管道状态进行识别，可以达到更好的分类效果[63]；韩旭军首先对管道各段的压力波动信号进行获取，提取各种特征数据，并进行数据预处理，然后基于模糊聚类的数据挖掘算法，挖掘出管道泄漏特征，定位管道泄漏位置，建立管道泄漏诊断模型[64]；高丙坤等利用小波消噪原理，构建 RBF 神经网络(Radial Basis Function Neural Networks)模型，将 D-S 证据理论(Dempster-Shafer Envidence Theory)数据应用到天然气管道泄漏检测中，建立了 D-S 证据理论数据融合模型[65]；周旭采用了次声波-支持向量机智能识别方法应用于天然气长输管道泄漏检测中，并对影响 SVM 识别精度的三类核函数进行实验结果对比分析，最后选用 RBF 核函数，获得了较好的检测效果[66]；柳孝云为了提高 SVM 的训练精度，制定了基于 FSVM 算法的泄漏测试方案，该方法首先运用模糊核聚类算法对采集到的泄漏数据做预处理操作，然后引入一种改进隶属度设计方法，以实现抗噪和降低错分率的效果[67]；宁方立等为了检测输气管道阀门泄漏，对改进 Alex Net 网络结构进行研究，提出了基于改进卷积神经网络(Convolutional Neural Networks, CNN)的阀门泄漏超声信号识别方法[68]。

从国内外众多学者近些年的研究工作来看，管道泄漏检测及定位研究的重点从早期基于硬件的各种检测技术发展到现在的和人工智能及数据挖掘相结合的模式识别技术，针对管道声波信号、气体压力、流量、声发射信号幅值衰减度等参数进行分析，建立合理的数学模型，从而明确运输管道具体的泄漏情况、泄漏等级，准确分析泄漏原因，能够在泄漏发生时有效识别并及时采取抢修措施，对于提升管道安全运输和管理、最大限度降低经济损失具有重要意义。

1.4.2　SVM 分类技术在管道泄漏检测中的应用

工业生产已步入现代化和信息化时代，设备的结构越来越复杂、功能性越来越完善、智能化程度越来越高，但是在生产过程中还会因为各种各样无法避免的原因，使得设备出现程度不等的各种故障，甚至降低或者丧失其部分或全部功能。对于天然气、石油企业而言，其管道泄漏检测技术是故障诊断技术中非常重要的一项工作，在数据挖掘和机器学习技术飞速发展的今天，针对管道泄漏检测系统采集到的数据，利用机器学习方法进行模式识别和诊断，提高泄漏数据的分类精度，是数据挖掘和管道泄漏检测领域共同关注的焦点问题之一。

在石油、天然气管道检测领域中面对的具有非均衡、高噪声、多分类以及动态获取等不同类型、不同分类需求的小样本数据，如何充分利用数据挖掘和机器学习方法，找到其隐藏的模式、关系和规律，建立高效准确的故障识别模型从而进行有效、精准的模式识别，是一个重要的决策支持过程，其理论涉及统计学、信息理论、模式识别、人工智能、信号处理、管理科学与工程等多个学科。

支持向量机(SVM)是非常经典的机器学习算法之一，1995 年由 Cortes 和 Vapnik 提出，它是根据统计学习理论(Statistical Learning Theory，SLT)中结构风险最小化(Structural Risk Minimization，SRM)原则给出的[34]。SVM 能最大限度地增加学习模型的预测能力，即使是建立在小规模训练集的基础上学习得到的分类模型，对独立的测试样本仍然具有较高的预测精度，而且 SVM 是一个凸二次规划问题，所以它求得的极值解可以在全局范围内取得最优。正因为具备上述优点，SVM 成为一种优秀的机器学习方法。SVM 算法可以用于数据分类也可以用于回归(即函数拟合)。

支持向量分类机(SVC)正是基于 SVM 的分类方法，它的原理是在小规模训练样本的基础上建立最大间隔的分类模型(分类器)，既可以兼顾分类器的复杂程度，又可以兼顾其学习能力。换言之，SVC 就是训练一个决策超平面，使其尽可能地分开两类不同的样本，并使得两类数据对象之间的间距最大[69]。SVC 是在统计学习理论的 VC 维理论和结构风险最小化(SRM)原理的基础上发展起来的一种机器学习方法，具有完备、成熟的理论基础，能够寻求到全局最优解，具有对维数不敏感、适应性强和泛化性能好等优点[70]。SVM 采用大间隔因子来控制学习过程，在处理高维数据分类以及有限样本的分类问题中，避免了神经网络等方法容易陷入局部最值或者过拟合的缺陷。因此，对于管道泄漏检测领域采集到的小样本数据，采用该分类算法可以获得较为理想的分类效果。例如：石油、天然气泄漏检测系统在测试阶段要通过放气模拟泄漏，由于泄漏数据采集方式的特殊性使得获取的样本为容量有限的小样本，此时采用基于 SVM 的分类算法进行泄漏识别，相对于其他的机器学习方法可以获得较高的分类精度和较好的泛化能力。

然而，随着数据挖掘领域应用场景的不断扩充，也产生了传统的 SVM 分类方法所无法适应的新问题。例如：在管道泄漏检测领域，可能会采集到小样本、不均衡、高噪声、具有多分类需求、动态获取的数据等，数据本身的复杂性以及数据分类需求的多样性等问题的出现，使得传统的 SVM 分类算法已经不能再适应其分类需求。为了提高多类型复杂数据的分类精度，迫切需要提出相应的改进算法，并应用到该领域，以实现故障诊断技术的不断提高。

SVM 分类算法具有很多优势，但是也有其不足之处：SVM 设计之初是为了解决批量获取的平衡数据的二分类问题的，然而在油气管道次声波泄漏检测系统中获取的小样本数据却具有非均衡、高噪声、需要多分类以及动态获取等特点，对于这些具有不同内在特点和分类需求的数据，直接采用标准的 SVM 分类算法进行诊断与识别，很难获得较好的分类效果。因此，要提高这些多类型复杂数据的分类精度，需要针对 SVM 分类算法进行相应的改进与优化，这也正是石油天然气企业提高故障诊断率所追求的重要目标之一。

综上所述，针对非均衡、高噪声、多分类、动态获取的小样本数据，建立一套准确、高效的故障识别模型，对石油、天然气生产和运输企业的安全管理来说具有重要意义。鉴于上述原因，本书针对不同类型、不同内在特点及不同需求的数据分类问题，提出相应的 SVM 改进新算法，并将上述优化算法应用到天然气管道的泄漏检测工作中以提高 SVM 在故障诊断领域的分类性能和识别精度，为提高管道的安全运行能力、管道运营质量和提高油气企业的安全管理提供可靠技术保障。

从理论方面，利用机器学习等人工智能方法对泄漏数据进行有效识别属于数据分类问题。如何针对数据的不同类型和内在特点来提高 SVM 分类算法的分类精度和分类效果，是本书面向管道泄漏检测领域决策要解决的实际问题。为此，本书针对不同角度对于 SVM 分类算法进行优化和改进，包括：对于非均衡数据的分类问题，提出改进的过采样算法；对于高噪声数据的 FSVM 分类算法，提出改进的隶属度函数；对于多分类问题，提出改进的分离性测度以及样本归类原则；对于动态数据的增量学习，提出改进的 GKKT 条件、支持向量优选算法以及分类器的修正方法等。在理论上，本书提出的这些优化和改进算法，对于 SVM 分类算法的扩充有着重要的参考价值。

在应用方面，目前针对管道泄漏检测等故障诊断领域的数据分类算法，很多是基于大样本的，但是在生产实践中，石油、天然气等管道设备故障发生概率往往很低，或者在仿真实验中由于采集方式或条件的限制，很多情况下难以获得较多的故障样本。面对这种情况，建立针对小样本的智能分类模型对于管道泄漏检测技术来说具有重要意义。鉴于 SVM 分类算法对于小样本、非线性、高维数据的分类问题表现出来的独特优势，将其作为小样本数据的分类方法在理论上可以获得较好的分类效果。但是 SVM 分类算法最初是面对批量获取的均衡数据的二分类问题设计的，如果将其直接用于管道泄漏检测领域采集到的不同类型复杂数据的分类问题中，不能获得理想的效果。以石油、天然气企业在其长输管线上安装的故障检测系统采集到的多类型数据为例，采集信号往往具有小样本、非均衡、高噪声、具有多分类需求、动态获取等特点，因此，针对不同类型及分类需求的数据，改进和优化基于 SVM 的分类算法，提高其故障诊断率，对石油、天然气企业进一步提高故障诊断水平、确保长线管道的安全运输和管理具有重要意义和应用价值。

参 考 文 献

[1] Jia W H，Micheline K，Jian P，et al. 数据挖掘概念与技术[M]. 北京：机械工业出版社，2012：23-29.

[2] 于欣. 基于数据挖掘的物流设备隐性故障预警模型研究[D]. 秦皇岛：燕山大学，2014：1-20.

[3] Duda R O，Hart P E. Pattern classification and scene analysis[M]. New Jersey：Wiley Press，1973：1-20.

[4] Flach P A，Lachiche N. Naive Bayesian Classification of Structured Data [J]. Machine Learning，2004，57(3)：233-269.

[5] Zhang H，Su J. Naive Bayesian Classifiers for Ranking[C]// European Conference on Machine Learning：Ecml. Berlin：Springer Press，2004：501-512.

[6] Hosmer,David W，Lemeshow，et al. Applied Logistic Regression[J]. Technometrics，2013，34(3)：358-359.

[7] Mcculloch V C E. Relaxing the Rule of Ten Events per Variable in Logistic and Cox Regression[J]. American Journal of Epidemiology，2007，165(6)：71.

[8] Leif E，Peterson. K-nearest neighbor[J]. Scholarpedia，2009，4(2)：156.

[9] Liao Y，Vemuri V R. Use of K - Nearest Neighbor classifier for intrusion detection [J]. Computers & Security，2002，21(5)：439-448.

[10] Saunders C，Stitson M O，Weston J，et al. Support Vector Machine[J]. Computer Science，2002，1(4)：1-28.

[11] Tarabalka Y，Fauvel M，Chanussot J，et al. SVM and MRF-Based Method for Accurate Classification of Hyperspectral Images[J]. IEEE Geoence & Remote Sensing Letters，2010，7(4)：736-740.

[12] Mahesh Pal，Paul M Mather. An assessment of the effectiveness of decision tree methods for land cover classification[J]. Remote Sensing of Environment，2003，86(4)：554-565.

[13] M A Friedl，C. E. Brodley. Decision tree classification of land cover from remotely sensed data[J]. Remote Sensing of Environment，1997，61(3)：399-409.

[14] Wang Z，Cao C J，Zhu Y J. Entropy and Confidence-Based Undersampling Boosting Random Forests for Imbalanced Problems[J]. IEEE Transactions on Neural Networks and Learning Systems，2020，31(12)：5178-5191.

[15] Pal M. Random forest classifier for remote sensing classification[J]. International Journal of Re-

mote Sensing, 2005, 26(1): 217-222.

[16] Rodriguez-Galiano V F, Ghimire B, et al. An assessment of the effectiveness of a random forest classifier for land-cover classification[J]. Isprs Journal of Photogrammetry & Remote Sensing, 2012, 67(1): 93-104.

[17] 宋晓敏. 基于改进贝叶斯算法的中文信息分类研究[D]. 北京: 北京邮电大学, 2019: 1-20.

[18] 柯国霖. 梯度提升决策树(GBDT)并行学习算法研究[D]. 厦门: 厦门大学, 2016, 30-50.

[19] 李秋. 模糊神经网络的研究及其在模式识别中的应用[D]. 天津: 天津科技大学, 2009: 1-21.

[20] Clark Glymour, David Madigan, et al. Statistical Themes and Lessons for Data Mining[J]. IEEE Data Mining and Knowledge Discovery. 1997, 1(1): 11-28.

[21] 郭鸿, 黄桂敏, 周娅. 基于 Kademlia 的下关联规则挖掘算法研究[J]. 计算机工程与设计, 2011, 32(1): 221-223.

[22] Bort Escabias, Carlos. Tree Boosting Data Competitions with XGBoost[D]. Catalunya: Universitat Politècnica de Catalunya, 2017: 42-55.

[23] Katzman J L, Shaham U, Cloninger A, et al. DeepSurv: personalized treatment recommender system using a Cox proportional hazards deep neural network[J]. BMC Medical Research Methodology, 2018, 18(1): 24.

[24] 魏茂胜. 数据挖掘中的分类算法综述[J]. 网络安全技术与应用, 2017(6): 65-66.

[25] 王磊, 王晓东. 机器学习算法导论[M]. 北京: 清华大学出版社, 2019: 13-217.

[26] 邓乃扬, 田英杰. 支持向量机——理论、算法与拓展[M]. 北京: 科学出版社, 2009: 120-121.

[27] Keerthi S S, Gilbert E G. Convergence of a Generalized SMO Algorithm for SVM Classifier Design[J]. Machine Learning, 2002, 46(1/2/3): 351-360.

[28] Rakotomamonjy A. Variable Selection Using SVM-based Criteria[J]. Journal of Machine Learning Research, 2003, 3(7-8): 1357-1370.

[29] Bazi Y, Melgani F. Toward an Optimal SVM Classification System for Hyperspectral Remote Sensing Images[J]. IEEE Transactions on Geoscience and Remote Sensing, 2006, 44(11): 3374-3385.

[30] 贺鸣, 孙建军, 成颖. 基于朴素贝叶斯的文本分类研究综述[J]. 情报科学, 2016(7): 147-154.

[31] Kleinbaum D G, Klein M. Logistic Regression (A Self-Learning Text) [M]. Berlin: Springer, 2002.

[32] 赖春廷. 决策树分类算法研究[J]. 信息与电脑, 2020(14): 59-62.

[33] Guo G, Wang H, Bell D A, et al. KNN Model-Based Approach in Classification[C]// On the Move to Meaningful Internet Systems: Coopis, Doa, & Odbase-otm Confederated International Conferences. Berlin: Springer, 2003.

[34] Cortes C, Vapnik V. Support - Vector Networks[J]. Machine Learning, 1995, 20(3): 273-297.
[35] Pawlak Z. Rough sets[J]. International Journal of Computer & Information Sciences, 1982, 11(5): 341-356.
[36] 邹瑞芝. 基于粗糙集的分类算法研究[D]. 长沙：长沙理工大学，2009：1-10.
[37] 张国民. 遗传算法的综述[J]. 科技视界，2013，25(9)：36-37.
[38] 周志华. 机器学习[M]. 北京：清华大学出版社，2017：26-112，126.
[39] 郭丽丽，丁世飞. 深度学习研究进展[J]. 计算机科学，2015，042(005)：28-33.
[40] Joshi M V, Kumar V, Agarwal R C. Evaluating boosting algorithms to classify rare cases: Comparison and improvements [C]// IEEE International Conference on Data Mining. Piscataway: IEEE computer society press, 2001: 257-264.
[41] Guo H Y, Viktor H L. Learning from imbalanced data sets with boosting and data generation: The DataBoost-IM approach[J]. Acm Sigkdd Explorations Newsletter, 2004, 6(1): 30-39.
[42] Wu G, Chang E. Class-boundary Alignment for Imbalanced Dataset Learning[C]// The Twentieth International Conference on Machine Learning(ICML) Workshop on Learning from Imbalanced Datasets, 2003: 49-56.
[43] Huang K, Yang H, King I, et al. Learning Classifiers from Imbalanced Data Based on Biased Minimax Probability Machine[C]// Proceedings of the IEEE Computer Society Conference on Computer Vision and Pattern Recognition. Piscataway: IEEE computer society press, 2004: 558-563.
[44] 高嵩. 支持向量机增量学习算法研究[D]. 鞍山：辽宁科技大学，2018：19-21.
[45] 黄宏程，舒毅，欧阳春，等. 大数据之美：挖掘、Hadoop、架构，更精准地发现业务与营销[M]. 北京：电子工业出版社，2016：38-59.
[46] 唐勤. 非均衡数据分类算法及其在助学贷款风险管理中的应用研究[D]. 武汉：华中科技大学，2012：2-28.
[47] 吴平，张申波，闫正兵，等. 基于贝叶斯 Lasso 的工业过程故障诊断方法[J]. 光电子激光，2018，(29)：627-628.
[48] Frank D M. Fault diagnosis in dynamic systems using analytical and knowledge-based redundancy: A survey and some new results[J]. Automatica(Journal of IFAC), 1990, 26(3): 450-472.
[49] 张云峰，徐晶明. 数据挖掘在石油管道泄漏检测中的应用[J]. 北华航天工业学院学报，2014，24(4)：1-3.
[50] 汪春付. 次声波泄漏检测技术在国内某大型管道上的应用[J]. 石化技术，2016(12)：121.
[51] Zhang X J. Statistical leak detection in gas and liquid pipelines[J]. Pipes and pipelines international, 1993, 38(4): 26-29.
[52] Ferrante M, Brunone B, Rossetti A G. Harmonic analysis of pressure signal during transients for leak detection in pressurized pipes[C]// 4th International Conference on Water Pipeline System—Managing Pipeline Assets in an Evolving Market. York, UK, 2001: 28-30.

[53] Hunaidi O, Chu W T. Acoustical characteristics of leak signals in plastic water distribution pipes[J]. Applied Acoustics, 1999, 58(3): 235-254.

[54] Lee M R, Lee J H. Acoustic Emission Technique for Pipeline Leak Detection[J]. Key Engineering Materials, 2000: 183-187, 887-892.

[55] Mpesha, Witness, Hanif Chaudhry M, et al. Leak Detection in Pipes by Frequency Response Method[J]. Journal of Hydraulic Research, 2002, 41(1): 221-223.

[56] Ferrante M, Brunone B. Pipe system diagnosis and leak detection by unsteady state tests wavelet analysis[J]. Advances in water resources, 2003, 26(1): 107-116.

[57] Da Silva H V, Morooka C K, Guilherme I R, et al. Leak detection in petroleum pipelines using a fuzzy system[J]. Journal of Petroleum Science and Engineering, 2005, 49(3): 223-238.

[58] Toshitaka Sato, Akira Mita. Leak detection using the pattern of sound signals in water supply systems[C]// Conference on Sensors and Smart Structures Technologies for Civil, Mechanical and Aerospace Systems. Bellingham: SPIE-INT SOC Optical Engineering, 2007.

[59] Mashford J, Silva D D, Marney D, et al. An Approach to Leak Detection in Pipe Networks Using Analysis of Monitored Pressure Values by Support Vector Machine[C]// 3rd International Conference on Network and System Security. NewYork: IEEE, 2009: 534-539.

[60] 董东，王桂增. Kalman 滤波器在长输管道泄漏诊断中的应用[J]. 自动化学报，1990，16(4)：303-309.

[61] 王海生，叶昊，王桂增. 基于小波分析的输油管道泄漏检测[J]. 信息与控制，2002(5)：456-460.

[62] 王立坤，赵晋云，付松广，等. 基于神经网络的管道泄漏声波信号特征识别[J]. 仪器仪表学报，2006(s3)：2247-2249.

[63] 赵艳燕. 基于支持向量机的管道泄漏声发射检测研究[D]. 北京：北京化工大学，2010：19-24.

[64] 韩旭军. 数据挖掘在长距离浆体管道泄漏检测中的应用[D]. 成都：电子科技大学，2011：1-60.

[65] 高丙坤，严娓，岳茂兴. 基于神经网络证据理论的天然气管道泄漏检测[J]. 化工自动化及仪表，2012，39(10)：1268-1271.

[66] 周旭. 基于 SVM 的天然气管道泄漏次声波检测技术研究[J]. 中国石油和化工标准与质量，2014(6)：17.

[67] 柳孝云. 基于小波包和模糊支持向量机的燃气管道泄漏检测与定位研究[D]. 上海：上海师范大学，2015：1-75.

[68] 宁方立，韩鹏程，段爽，等. 基于改进 CNN 的阀门泄漏超声信号识别方法[J]. 北京邮电大学学报，2020，43(3)：38-44.

[69] Liu Y H, Chen Y T. Face Recognition Using Total Margin-based Adaptive Fuzzy Support Vector Machines[J]. Neural Networks, 2007(18): 178-192.

[70] 吴青. 基于优化理论的支持向量机学习算法研究[D]. 西安：西安电子科技大学，2009：2-30.

2 支持向量分类机及其理论基础

SVM是一种经典的机器学习方法，其学习方式是监督学习，它可以实现数据分类也可以实现函数拟合(即回归)。SVM以统计学习理论(SLT)为基础，具有简洁的数学形式、直观的几何解释和良好的泛化能力等优点。基于SVM的分类模式被称为支持向量分类机(SVC)，SVC是在SLT的VC维理论和结构风险最小化(SRM)原理的基础上发展起来的一种新的机器学习方法，具有完备、成熟的理论基础，能够寻求到全局最优解，具有对维数不敏感、适应性强和泛化性能好等优点，对于小样本、非线性及高维数据的分类表现出很好的性能，同时又克服了传统机器学习分类机在有限样本情况下容易产生“过学习”等缺陷，是一种非常重要的机器学习分类方法。

本章主要介绍了最优化理论、统计学习理论的基本思想，SVM的理论基础，线性可分SVC、线性不可分SVC以及非线性SVC的分类模型，核函数，SVM参数选择，在此基础上阐述了SVM在小样本分类问题中具有良好泛化能力的机理。上述内容为后续提出的基于SVM分类算法的改进与优化提供了理论基础。

2.1 最优化理论

统计学习理论(SLT)在20世纪70年代被提出，主要是在小样本的情况下研究统计学习的理论，对有限信息进行统计估计和预测学习。统计学习理论是以训练样本为基础，试着建立目前不能从理论上得到的规律，并通过这些规律对实例进行分析，以便对后来获取的数据做出更准确的预测。

SLT针对有限信息的统计问题建立了一套新的理论，基于该理论的统计推理规则，不仅能够达到对渐进性能的要求，而且可以获得在有限信息条件下的全局最优解。后来随着VC维概念的提出，SLT又得到了进一步发展，建立了一系列基于统计学的理论和概念，例如：一致性、收敛速度、推广性能等。SVM正是一门在SLT基础上发展而来的机器学习方法，它的提出和发展克服了其他一些机器学习方法(比如人工神经网络)出现的诸如：容易陷入局部最优解、过拟合(Over-fitting)与欠拟合(Under-fitting)等缺陷，该方法以它简洁的数学形式、直观的几何解释和良好的泛化能力等优点，继而成为机器学习领域的又一个重要学科。下面介绍最优化理论中的几个重要概念。

(1) KKT 条件

KKT 条件的理论基础如下[1]：

约束问题可以分为两种形式：以等式形式出现的约束条件和以不等式形式出现的约束条件，其一般形式表示为：

$$\min f(x),\ x=([x]_1,\ \cdots,\ [x]_n)^T\in R^n$$

$$s.t.\begin{cases}c_i(x)\leqslant 0,\ i=1,\ \cdots,\ p\\ c_i(x)=0,\ i=p+1,\ \cdots,\ p+q\end{cases}\tag{2-1}$$

将 $f(x)$ 称为目标函数，$c_i(x)$ 称为约束函数，并将公式(2-1)中的第二个和第三个公式称为约束条件。此外，我们给出“可行点”和“可行域”的定义：对于公式(2-1)，能够满足其约束条件的全部样本点叫作可行点，由全部可行点构成的集合叫作可行域。

设目标函数 $f(x)$ 和式(2-1)中的约束函数 $c_i(x)$，$i=1,\ \cdots,\ p$ 都是凸函数，且 $c_i(x)$，$i=p+1,\ \cdots,\ p+q$ 是线性函数，则式(2-1)变为：

$$\min f(x),\ x=(x_1,\ \cdots,\ x_n)^T\in R^n$$

$$s.t.\begin{cases}c_i(x)\leqslant 0,\ i=1,\ \cdots,\ p\\ c_i(x)=0,\ i=p+1,\ \cdots,\ p+q\end{cases}\tag{2-2}$$

式(2-2)称为凸约束问题(convex constrained problem)。

定理 2.1 设 D 是凸规划问题式(2-2)的可行域，即

$$D=\{x\mid c_i(x)\leqslant 0,\ i=1,\ \cdots,\ p;\ c_i(x)=0,\ i=p+1,\ \cdots,\ p+q;\ x\in R^n\}\tag{2-3}$$

则

① 若式(2-3)有局部解 x^*，则 x^* 是式(2-3)的整体解；

② 式(2-3)的整体解组成的集合是凸集；

③ 若式(2-3)有局部解 x^*，$f(x)$ 是 D 上的严格的凸函数，则 x^* 是式(2-3)的唯一整体解。

定理 2.2 对于凸约束问题式(2-3)，假设 $f(x)$ 和 $c_i(x)$，$i=1,\ \cdots,\ p$ 在 R^n 上连续可微。若 $\bar{x}\in R^n$ 能够满足 KKT 条件，则存在 Lagrange 乘子 $\bar{\alpha}=(\bar{\alpha}_1,\ \cdots,\ \bar{\alpha}_p)^T\in R^p$，$\bar{\beta}=(\bar{\beta}_{p+1},\ \cdots,\ \bar{\beta}_{p+q})^T\in R^q$ 使得：

$$\begin{aligned}
&\nabla_x L(\bar{x}, \bar{\alpha}, \bar{\beta}) = \nabla f(\bar{x}) + \sum_{i=1}^{p} \bar{\alpha}_i \nabla c_i(\bar{x}) + \sum_{i=p+1}^{p+q} \bar{\beta}_i \nabla c_i(\bar{x}) = 0 \\
&c_i(\bar{x}) \leqslant 0, \; i = 1, \cdots, p \\
&c_i(\bar{x}) = 0, \; i = p+1, \cdots, p+q \\
&\bar{\alpha}_i c_i(\bar{x}) = 0, \; i = 1, \cdots, p
\end{aligned} \tag{2-4}$$

则 $\bar{x}$ 是式(2-2)的整体解。该定理称为凸约束问题解的 KKT 充分条件。

定义 2.1 设约束问题式(2-1)的可行域为:

$$D=\{x \mid c_i(x) \leqslant 0, \; i=1, \cdots, p; \; c_i(x)=0, \; i=p+1, \cdots, p+q; \; x \in R^n\} \tag{2-5}$$

其中，$p+q$ 个约束函数 $c_1(x)$，…，$c_{p+q}(x)$ 都满足可微的条件。引入下列两种约束规格:

① $p+q$ 个约束函数 $c_1(x)$，…，$c_{p+q}(x)$ 都是线性函数;

② 梯度向量集 $\{\nabla c_i(\bar{x}) \mid i \in \bar{E}\}$ 线性无关。其中，$\bar{E}$ 为 $\bar{x}$ 处的有效集合。

定理 2.3 对于凸约束问题式(2-2)，假设 $f(x)$ 和 $c_i(x)$，$i=1$，…，p 在 R^n 上是连续可微的。若定义 2.1 中的梯度向量集线性无关，且 $\bar{x} \in R^n$ 是式(2-2)的解，则 KKT 条件成立，即存在乘子 $\bar{\alpha} = (\bar{\alpha}_1, \cdots, \bar{\alpha}_p)^T \in R^p$，$\bar{\beta} = (\bar{\beta}_{p+1}, \cdots, \bar{\beta}_{p+q})^T \in R^q$，使得:

$$\begin{aligned}
&\nabla_x L(\bar{x}, \bar{\alpha}, \bar{\beta}) = \nabla f(\bar{x}) + \sum_{i=1}^{p} \bar{\alpha}_i \nabla c_i(\bar{x}) + \sum_{i=p+1}^{p+q} \bar{\beta}_i \nabla c_i(\bar{x}) = 0 \\
&c_i(\bar{x}) \leqslant 0, \; i = 1, \cdots, p \\
&c_i(\bar{x}) = 0, \; i = p+1, \cdots, p+q \\
&\bar{\alpha}_i \geqslant 0, \; i = 1, \cdots, p \\
&\bar{\alpha}_i c_i(\bar{x}) = 0, \; i = 1, \cdots, p
\end{aligned} \tag{2-6}$$

该定理称为凸约束问题的解的 KKT 必要条件。

(2) Lagrange 对偶

Lagrange 对偶(Lagrange Dual)的基本思想是：定义一个支付函数，使其相应的极小-极大问题的解等同于约束优化问题的解，这时得到的极大-极小问题的解就是其 Lagrange 对偶解。该理论就是将凸优化问题的求解转换为其 Lagrange 对偶来解决。

设约束优化问题如下：

$$\begin{aligned} &\min f(x) \\ &s.t.\ c_i(x) \leqslant 0,\ i=1,\ \cdots,\ p \end{aligned} \tag{2-7}$$

其 Lagrange 函数定义在 $x \in R^n$，$\alpha = (\alpha_1,\ \cdots,\ \alpha_p)^T \in R^p$ 上

$$L(x,\ \alpha) = f(x) + \alpha^T c(x) \tag{2-8}$$

其中，$c(x) = [c_1(x),\ \cdots,\ c_p(x)]^T$。

定义 2.2 Lagrange 对偶问题：

$$\max_{\alpha \in R^p} L_*(\alpha) = \max_{\alpha \in R^p} \min_{x \in R^n} L(x,\ \alpha) = \max_{\alpha \in R^p} \min_{x \in R^n} [f(x) + \alpha^T c(x)] \tag{2-9}$$

为式(2-7)的 Lagrange 对偶。令 $L_* = L_*(\alpha) = \min_{x \in R^n} L(x,\ \alpha)$，$\alpha \in R^p$。

定理 2.4 对于连续可微的凸优化问题：

$$\begin{aligned} &\min f(x) \\ &s.t.\ c_i(x) \leqslant 0,\ i=1,\ \cdots,\ p \end{aligned} \tag{2-10}$$

式中，$f(x)$ 和任意一个 c_i 都是凸函数并且满足连续可微的条件，且定义 2.1 中的约束条件全部都成立。则如果式(2-10)存在解，则其对偶问题式(2-9)也存在解；如果式(2-10)和其对偶问题式(2-9)分别有可行解 $\bar{x}$ 和 $\bar{\alpha}$，并且它们分别为式(2-10)和式(2-9)的最优解的充要条件是式(2-10)和式(2-9)的目标函数值是一样的。

(3) Wolfe 对偶

对于式(2-10)，它的对偶问题还有以下更简便的形式：

定义 2.3 以下问题：

$$\begin{aligned} &\max_{\alpha, x} L(x,\ \alpha) \\ &s.t.\ \nabla_x L(x,\ \alpha) = 0 \\ &\alpha \geqslant 0 \end{aligned} \tag{2-11}$$

称为凸优化问题式(2-10)的 Wolfe 对偶。

定理 2.5(Wolfe 对偶定理) 对于凸优化问题式(2-10)，且满足定义 2.1 中任一个约束规格成立，则：

① 若式(2-10)有解，则它的 Wolfe 对偶(2-11)也有解；

② 若式(2-10)和式(2-11)分别有可行解 $\bar{x}$ 和 $\bar{\alpha}$，则它们分别为式(2-10)和式(2-11)最优解的充要条件是式(2-10)和式(2-11)的目标函数值相等。

只针对不等式约束条件的定理 2.4 和定理 2.5，其实也可以推广到既包含等

式又包含不等式约束的一般凸约束问题式(2-2)中去，可得到类似的更具有一般性的结论。

2.2 统计学习理论的基本思想

(1) 学习一致性条件

学习过程的一致性是 SLT 的基础，指的是经验风险的最优值收敛到真实风险的最优值的条件问题[2]。当样本容量趋于无穷大时，只有满足学习一致性条件才能保证取得最好的效果，即保证该结果为趋近于期望风险最小时的结果。

定义 2.4 使用经验风险最小化原则（ERM 原则）时，如果同时满足式(2-12)，则称其学习过程是一致的。

$$\begin{aligned} R(w^*) &\xrightarrow[n\to\infty]{} R(w_0) \\ R_{\text{emp}}(w^*) &\xrightarrow[n\to\infty]{} R(w_0) \end{aligned} \tag{2-12}$$

式中，$R(w^*)$为期望风险最优值；$R_{\text{emp}}(w^*)$为经验风险最优值；$R(w_0)=\inf R(w)$为实际风险最优值，可以等价于期望风险的下确界。

保证学习一致性的条件为：

定理 2.6 设预测函数集为$f(x, w)$且其对应的损失函数有界，经验风险为$R_{\text{emp}}(w)$，期望风险为$R(w)$。采用 ERM 原则，其学习过程一致性的充分必要条件为：在数据集容量为n的条件下，$R_{\text{emp}}(w)$单边一致收敛到$R(w)$，其形式为：

$$\lim_{n\to\infty} P\{\sup_{\alpha\in\Lambda}[R(w)-R_{\text{emp}}(w)]>\varepsilon\}=0,\quad \forall\varepsilon>0 \tag{2-13}$$

而对应的双边一致收敛为：

$$\lim_{n\to\infty} P[\sup_{\alpha\in\Lambda}|R(w)-R_{\text{emp}}(w)|>\varepsilon]=0,\quad \forall\varepsilon>0 \tag{2-14}$$

定理 2.6 由 Vapnik 等于 1989 年提出，可以看出，该定理通过一致收敛来解决学习一致性的问题，给出了在 ERM 原则下其学习过程一致性的充要条件。定理指出函数集中“最不好”的函数决定了 ERM 原则一致性的条件，也就是说对 ERM 原则的所有分析都是基于“最不好的情况”所作的分析。但是它并没有给出适用于该定理的具体函数条件。因此，为了说明函数集的学习能力，SLT 理论进一步提出了“VC 维”，它可以有效地评价适用函数。VC 维有限可以保证较好的收敛速度和 ERM 原则下学习的一致性。

(2) VC 维

在 ERM 原则下，要通过选择最小子集来实现期望风险最小，而最优函数就是最小子集中达到最小经验风险的函数[1]。ERM 原则其实就是要在所有的候选集合中选择一个决策函数，该函数能够让经验风险达到最小。在这里，设决策函数候选集合为 F，SLT 要评价集合 F 对期望风险的影响并进一步给出学习能力的指标。VC 维正是这样一个描述集合 F 的丰富程度、表达能力、大小的指标。VC 维的直观意义就是函数集能够打散的最大样本数目，因此先给出点集被 F 打散的定义[3]。

定义 2.5(Z_l 被 F 打散)　设 F 为决策函数待选集，记 $Z_l=\{x_1, \cdots, x_l\}$ 为 R^n 中容量为 l 的样本点集合。如果对 Z_l 中各点 x_i 任意给定标号 $y_i=1$ 或者 $y_i=-1$ $(i=1, 2, \cdots, l)$，组成如下训练集：

$$T=\{(x_1, y_1), \cdots, (x_l, y_l)\} \tag{2-15}$$

总能在集合 F 中找到一个函数 f，它能将两类样本实现正确的划分，即

$$f(x_i)=y_i \quad i=1, \cdots, l \tag{2-16}$$

则称集合 Z_l 能被 F 打散，或 F 能打散 Z_l。

定义 2.6(VC 维)[4]　设 F 是一个在空间 R^n 上的决策函数待选集，它是由取值为 1 或-1 的函数所组成的集合，则 F 的 VC 维就是它能打散的 R^n 中的点的最大个数。也就是说，若有 l 个点组成的集合 Z_l 能够被 F 打散，且任意的 $l+1$ 个点组成的集合 Z_{l+1} 都不能被 F 打散，那么 F 的 VC 维就是 l；若定义任何的正整数，都有 l 个点组成的集合 Z_l 能被 F 打散，则 F 的 VC 维就是∞。F 的 VC 维记作 $VCdim(F)$。

目前尚没有通用的关于任意函数集 VC 维的计算理论，只有一些特殊函数集的 VC 维可以准确地知道，见定理 2.7。

定理 2.7　对于空间 R^n 上的分类问题，F 为线性划分的决策函数待选集合：

$$F=\{f(x)=\mathrm{sgn}[(w \cdot x)+b] \mid w=(w_1, \cdots, w_n)^T \in R^n, b \in R\} \tag{2-17}$$

则 F 的 VC 维是 $n+1$。

VC 维不仅能够表明函数集的学习能力，而且还能够代表学习机器的复杂性。一般而言，VC 维越大，学习机器越复杂，学习容量就越大[4]。

(3) 推广性的界

SLT 中，用推广性的界来表明经验风险 $R_{\mathrm{emp}}(w)$ 与期望风险 $R(w)$ 间至少以 $1-\eta$ 的概率满足关系式(2-18)[4]：

$$\begin{aligned} &R(w) \leqslant R_{\mathrm{emp}}(w)+\sqrt{\frac{V(\ln 2l/V+1)-\ln(\eta/4)}{l}} \\ &\varphi=\sqrt{\frac{V(\ln 2l/V+1)-\ln(\eta/4)}{l}} \end{aligned} \tag{2-18}$$

式中，l 为样本总数；V 为函数集的 VC 维。

推广性的界表明：期望风险 $R(w)$ 由经验风险（训练误差）$R_{emp}(w)$ 和置信范围 φ 组成。式(2-18)也可以化简为：

$$R(w) \leqslant R_{emp}(w) + \varphi(l/h) \tag{2-19}$$

式中，h 为参数的集合。

由式(2-19)可知，置信范围不仅反映了 $R(w)-R_{emp}(w)$ 的上确界，也反映了结构复杂带来的风险。所以在样本有限的情况下，结构越复杂，也就是 VC 维越大，φ 也就越大，就会使得 $R(w)-R_{emp}(w)$ 越大，从而产生“过拟合”。所以要得到较小的 $R(w)$，除了确保 $R_{emp}(w)$ 较小之外，还应该尽可能减少 VC 维从而减小 φ，以提高分类模型的泛化能力。这也是在样本有限的情况下选用神经网络这样复杂的分类器往往出现“过拟合”的原因。

（4）结构风险最小化原则

由前面介绍的内容可知，在训练样本有限的时候，如果式(2-19)右边的两项要同时达到最小，仅注重 $R_{emp}(w)$ 最小化是不够的，还要使 VC 维变得可控。

结构风险最小化的方法为：首先，将预测函数集 $F=\{f(x, w) \mid w \in h\}$ 分解成函数集 F 某些子集构成的序列，并且满足：

$$F_1 \subset F_2 \subset \cdots \subset F_k \subset F_{k+1} \subset \cdots \subset F, \quad F = \bigcup_k F_k$$

其次，按照 VC 维的大小将每个子集进行升序排列：

$$V_1 \leqslant V_2 \leqslant \cdots \leqslant V_k \leqslant \cdots \leqslant V$$

为了折中考虑 $R_{emp}(w)$ 和置信范围 φ 这两个因素，在序列 $\{F_i\}$ 中选择使 $R_{emp}(w)$ 与 φ 之和较小的子集，以达到 $R(w)$ 尽可能小，这就是结构风险最小化（SRM）的原理（图 2-1）。也就是说，SRM 原则是在确保 $R_{emp}(w)$（即保证分类精度）的同时，尽可能减小 VC 维，从而控制 $R(w)$，它实现了数据近似程度与函数复杂程度的一种最佳权衡方式。

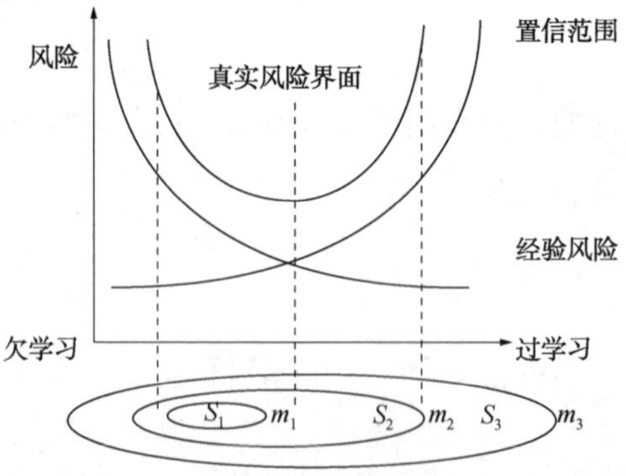

图 2-1　结构风险最小化

2.3 支持向量分类机

Corinna Cortes 和 Vapnik 等于 1995 年提出了“支持向量机”的概念，对样本容量有限、非线性和高维数据预测等问题，表现出比其他机器学习方法更好的性能，在数据分类、函数拟合等方面获得了较好的推广。

支持向量分类机(SVC)是在 SLT 的 VC 维理论和 SRM 原理的基础上发展起来的一种新的机器学习方法，具有完备、成熟的理论基础，能够寻求到全局最优解，具有对维数不敏感、适应性强和泛化性能好等优点，同时又克服了传统机器学习分类机在有限样本情况下容易产生“过学习”等缺陷，是一种非常重要的机器学习分类方法。

假设数据集 $D=\{(x_1, y_1), (x_2, y_2), \cdots, (x_l, y_l)\}$，$x_i \in R^n$，$y \in \{1, -1\}$，$l$ 为数据对象个数，R^n 表示 n 维空间。SVC 的学习目的就是要给出目标函数 $f(x)=\mathrm{sgn}[g(x)]$,从而将不同类的数据对象区分开来。其中，$g(x)=w \cdot x+b$ 为分类学习机。

(1) 最优分类超平面

分类问题的实质是：对于两组异类数据对象，通过某个超平面能够完全将这两类数据分开。上述超平面可以描述为：

$$w \cdot x+b=0 \tag{2-20}$$

可以用下述模型来表示分类的结果：

$$\begin{aligned} w \cdot x_i+b \geqslant 0, \quad y_i=1 \\ w \cdot x_i+b<0, \quad y_i=-1 \end{aligned} \tag{2-21}$$

w 是超平面的法向量，$\frac{w}{\|w\|}$ 为单位法向量，$\|w\|$ 是欧氏模函数，b 为位移项。显而易见，w 和 b 完全确定了分类超平面。通过上述超平面来完成分类学习机的任务，如图 2-2 所示。

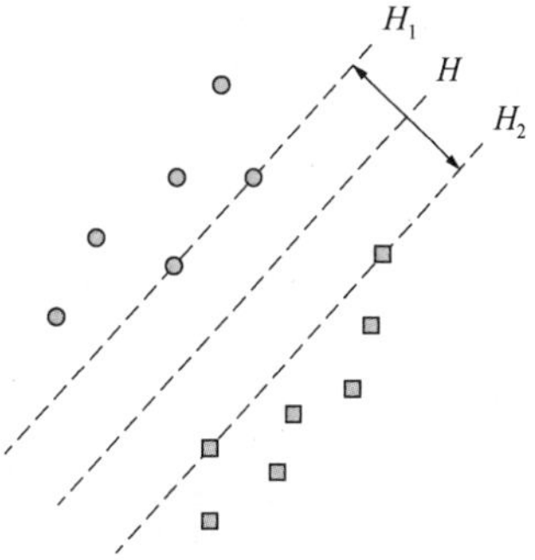

图 2-2 最优分类超平面

事实上是将数据空间分成两个区域(图 2-2)，其中满足：

$$\min_i |w \cdot x_i+b|=1 \tag{2-22}$$

对于给定训练集 $D=\{(x_1, y_1), (x_2, y_2), \cdots, (x_l, y_l)\}$，$x_i \in R^n$，$y \in \{1, -1\}$，我们不仅希望能

找到一个决策面 $w \cdot x_i+b=0$ 实现两类数据的正确分类，还希望可以进一步实现超平面的间隔最大化，也就是能找到一个能将两类数据对象最大限度分开的超平面，将其称为最大间隔分类面。

如图 2-2 所示，H 为分类超平面，构造平行于 H 的平面 H_1 和 H_2，使得 H_1 与 H_2 的间距尽可能大，直到通过两类中与平面 H 最近的样本，H_1 与 H_2 之间的间距叫作分类间隔(Margin)。平面 H_1 和 H_2 称为规范超平面：

$$w \cdot x_i+b=\pm 1 \tag{2-23}$$

假设超平面能将训练样本正确分类，即对于 $(x_i, y_i) \in D$，若 $y_i=1$，则有 $w \cdot x_i+b>0$；若 $y_i=-1$，则有 $w \cdot x_i+b<0$，则：

$$\begin{cases} w \cdot x+b \geqslant +1, & y_i=1 \\ w \cdot x+b<0, & y_i=-1 \end{cases} \tag{2-24}$$

如图 2-2 所示，使式(2-23)成立的样本点，也就是距离 H 最近的训练样本点叫作“支持向量”(Support Vector)。

设 x_i 为输入空间中任一数据对象，它到超平面 H：$w \cdot x+b=0$ 的距离为：

$$d(w, b, x_i)=\frac{|w \cdot x_i+b|}{\| w \|} \tag{2-25}$$

两平面 H_1 与 H_2 之间的间距为：

$$\rho(w, b)=\frac{2}{\| w \|} \tag{2-26}$$

式(2-26)中的 $\frac{2}{\| w \|}$ 就是前面提到的 H_1、H_2 之间的分类间隔。所以，要寻找最大间隔超平面也就是最优超平面，就要使得 $\frac{2}{\| w \|}$ 取最大值，等价于 $\frac{\| w \|}{2}$ 取最小值。所以，上述问题就等价于：求参数 w，b，在约束条件 $y_i(w \cdot x_i+b) \geqslant 1$，$i=1, \cdots, l$ 下最大化函数：

$$\max_w \frac{2}{\| w \|} \tag{2-27}$$

或者相当于最小化函数：

$$\min_w \frac{\| w \|}{2} \tag{2-28}$$

问题式(2-28)等价于下列优化问题：

$$\begin{gathered} \min_w \frac{\| w \|^2}{2} \\ s.t.\ y_i(w \cdot x_i+b) \geqslant 1, \quad i=1, \cdots, l \end{gathered} \tag{2-29}$$

式(2-29)是支持向量分类机的基本模型。

(2) 线性支持向量分类机(LSVC)

针对上述讨论的分类问题，如果存在一个超平面能够将两类样本分开并且算法是收敛的，那么对应的分类机叫作线性分类机。

首先讨论线性可分的情形。如上所述，寻找最大间隔超平面可以转换为凸二次规划(Convex Quadratic Programming)式(2-29)的求解问题，式(2-29)表示在$R_{emp}(w)=0$的情况下最小化VC维的界，这恰好体现了SRM原则。该优化问题式(2-29)的求解需要转化为其对偶问题的求解。

① 原始问题与对偶问题解的关系

我们希望通过求解优化问题式(2-29)，来得到最大间隔(最优)超平面所对应的模型：

$$f(x)=w\cdot x+b \tag{2-30}$$

对于式(2-16)使用Lagrange乘子法可得到它的“对偶问题”。也就是说，对式(2-29)的每个约束条件加上Lagrange乘子$\alpha_i \geqslant 0$得到对应的Lagrange函数为：

$$\begin{aligned} &L(w, b, \alpha)=\frac{1}{2}\|w\|^2+\sum_{i=1}^{l}\alpha_i[1-y_i(w\cdot x_i+b)] \\ &s.t.\ \alpha_i \geqslant 0,\ i=1, \cdots, l \end{aligned} \tag{2-31}$$

式中，$\alpha=(\alpha_1, \alpha_2, \cdots, \alpha_l)$为Lagrange乘子向量。$L(w, b, \alpha)$对$w$和$b$求偏导，并令偏导数为0，得到下式：

$$w=\sum_{i=1}^{l}\alpha_i y_i x_i \tag{2-32}$$

$$\sum_{i=1}^{l}\alpha_i y_i=0 \tag{2-33}$$

将式(2-32)代入式(2-31)，消去$L(w, b, \alpha)$中的w和b，再由式(2-33)，便得到了式(2-29)的对偶问题：

$$\begin{aligned} &\max_{\alpha}\sum_{i=1}^{l}\alpha_i-\frac{1}{2}\sum_{i=1}^{l}\sum_{j=1}^{l}\alpha_i\alpha_j y_i y_j(x_i\cdot x_j) \\ &s.t.\ \sum_{i=1}^{l}\alpha_i y_i=0 \\ &\alpha_i \geqslant 0,\ i=1, 2, \cdots, l \end{aligned} \tag{2-34}$$

求解对偶问题式(2-34)，将其转化为和它等价的最小化问题，所以该对偶问题等价于以下最小化问题：

$$\min_{\alpha} \frac{1}{2}\sum_{i=1}^{l}\sum_{j=1}^{l} y_i y_j \alpha_i \alpha_j (x_i \cdot x_j) - \sum_{i=1}^{l}\alpha_i$$

$$s.t. \sum_{i=1}^{l}\alpha_i y_i = 0 \tag{2-35}$$

$$\alpha_i \geqslant 0,\ i=1,\ 2,\ \cdots,\ l$$

解出 α 后，求出 w 和 b 即可得到如下决策函数：

$$f(x) = \mathrm{sgn}(w \cdot x + b) = \mathrm{sgn}\left(\sum_{i=1}^{l}\alpha_i y_i x_i \cdot x + b\right) \tag{2-36}$$

定理 2.8 考虑线性可分问题。设 $\alpha^* = (\alpha_1^*,\ \alpha_2^*,\ \cdots,\ \alpha_l^*)$ 是问题式(2-22)的解，则向量 $\alpha^* \neq 0$[即存在 $\alpha_j^* > 0(j=1,\ 2,\ \cdots,\ l)$]，并且式(2-29)的唯一解$(w^*,\ b^*)$为：

$$w^* = \sum_{i=1}^{l}\alpha_i^* y_i x_i$$

$$b^* = y_j - \sum_{i=1}^{l}\alpha_i^* y_i (x_i \cdot x_j) \tag{2-37}$$

与样本$(x_i,\ y_i)$对应的 Lagrange 乘子 α_i 可以从对偶问题式(2-35)解出。因为式(2-29)中含有不等式约束，所以上述过程需要满足 KKT 条件，即

$$\begin{cases}\alpha_i \geqslant 0 \\ y_i f(x_i) - 1 \geqslant 0 \\ \alpha_i[y_i f(x_i) - 1] = 0\end{cases} \tag{2-38}$$

对任意的$(x_i,\ y_i)$，总有：$\alpha_i=0$ 或者 $y_i f(x_i)=1$。若 $\alpha_i=0$，则该样本将不会对 $f(x)$ 有任何影响；若 $\alpha_i>0$，则一定有 $y_i f(x_i)=1$，所对应的数据对象是支持向量(SV)。如图 2-2 所示，它们位于平面 H_1 和 H_2 上。由此可以得到 SVM 的一个重要特点：分类模型的构建只与支持向量有关，所以在学习完成后，除了支持向量以外的其他样本都不需要保留。也就是只有当 $\alpha_i>0$ 时对应的样本点才对分类模型有作用，它们就是“支持向量”，此时条件 $y_i f(x_i)=1$ 成立。

② 线性分类 SVM 的软间隔最大化

上面提到的 SVM 线性分类器要将两类不同的数据对象正确地分开，这种学习方式叫作“硬间隔”，这种训练方式硬性地要求所有数据点都要满足 $y_i(w \cdot x_i + b) \geqslant 1$。这种硬性分开所有样本点的方法容易受少数点的影响，尤其是，如果遇到线性不可分的情况，任何划分都会有错误发生。为了解决这个问题，可以对第 i 个样本点$(x_i,\ y_i)$引入一个变量 ξ_i，且 $\xi_i \geqslant 0$，通过它来放松约束条件，该变量

被称作松弛变量。松弛变量 ξ_i 引入之后，约束条件放松为：

$$y_i(w \cdot x_i+b) \geqslant 1-\xi_i,\ i=1,\ 2,\ \cdots,\ l \tag{2-39}$$

由式(2-39)，当出现误分时，因为 $\xi_i \geqslant 0$，这样就相当于放松了约束条件，也就是说，此时的最大间隔可以比 1 小，而 $\sum_{i=1}^{l} \xi_i$ 是错分向量的上界。为此需要在目标函数中引入惩罚因子 C，为错分付出额外的代价。引入错误惩罚项 C，为分类误差分配一个额外的代价，C 值与错误代价成正比。此时，原优化问题变为：

$$\begin{aligned} & \min_{w,\ b,\ \xi} \frac{1}{2} \| w \|^2 + C\sum_{i=1}^{l} \xi_i \\ & s.t.\ y_i(w \cdot x_i + b) \geqslant 1 - \xi_i \\ & \xi_i \geqslant 0,\ i = 1,\ \cdots,\ l \end{aligned} \tag{2-40}$$

若 $\xi_i=0$，则表示不能有错分的情况发生，此时，模型就退化为原来的硬间隔分类机；若 $\xi_i \neq 0$，则优化问题式(2-40)称为软间隔分类机，如图 2-3 所示。

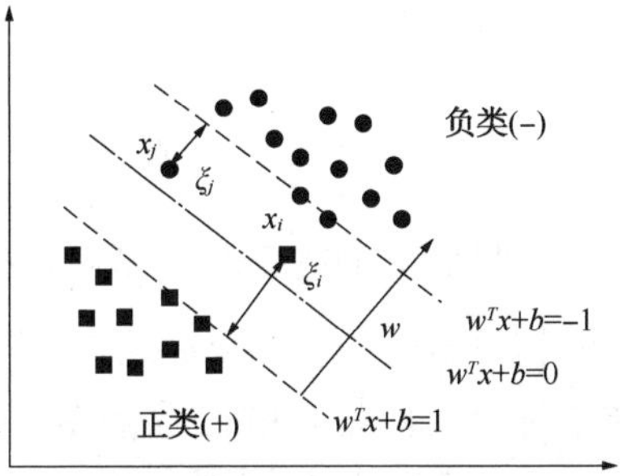

图 2-3　线性 SVM 分类间隔

线性不可分的最优超平面的对偶问题如下：

$$\begin{aligned} & \min_{\alpha} \frac{1}{2}\sum_{i=1}^{l}\sum_{j=1}^{l} y_i y_j \alpha_i \alpha_j (x_i \cdot x_j) - \sum_{i=1}^{l} \alpha_i \\ & s.t.\ \sum_{i=1}^{l} \alpha_i y_i = 0 \\ & 0 \leqslant \alpha_i \leqslant C,\ i = 1,\ \cdots,\ l \end{aligned} \tag{2-41}$$

最终所求的决策函数为：

$$f(x)=\operatorname{sgn}(w \cdot x+b)= \operatorname{sgn}\left(\sum_{i=1}^{l} \alpha_i y_i x_i \cdot x + b\right) \tag{2-42}$$

(3) 非线性支持向量分类机

上述介绍的 SVC 分类机是线性可分的，如果数据对象不再满足线性可分的条件时，约束条件 $y_i(w \cdot x_i+b) \geqslant 1$，$i=1$，…，$l$ 不再成立。此时有两种情况：一种是近似线性可分的情况，通过松弛变量的介入可以解决这个问题，如前面所述；另一种是非线性的分类问题，下面介绍如何解决这种情况。

首先引入映射函数 $\varphi(x)$，在 $\varphi(x)$ 的作用下将输入空间的数据对象映射到某个高维空间 F，映射后的样本在空间 F 中呈线性或者近似线性可分，然后再按照上面介绍的线性可分或近似线性可分的方法，在特征空间 F 中构造分类器。图 2-4展示了如何将一个二维空间通过函数 $\varphi(x)$ 映射成一个对应的高维空间(三维空间)，然后在这个高维空间中对其进行准确的划分。该映射方法就是通过空间变换解决了非线性 SVC。

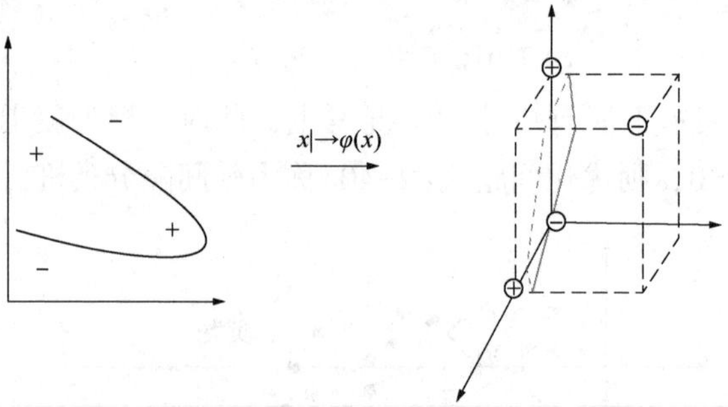

图 2-4　低维空间到高维空间的非线性映射

关于非线性分类可行的相关结论[5]：如果原始空间是有限维的，那么一定存在一个高维特征空间使样本可分。但是映射之后，会造成数据对象的维数变高，为此，使用核技巧(Kernel Skill)来解决这个问题。

引入映射 φ 以后，式(2-40)变为：

$$\begin{aligned} &\min_{w,\,b,\,\xi} \frac{1}{2}\|w\|^2 + C\sum_{i=1}^{l}\xi_i \\ &s.t.\quad y_i[w \cdot \varphi(x_i) + b] \geqslant 1 - \xi_i \\ &\qquad\quad \xi_i \geqslant 0,\ i = 1,\ \cdots,\ l \end{aligned} \tag{2-43}$$

如果函数 $\varphi(x_i)=x_i$，则式(2-43)退化为式(2-40)，即线性 SVC 的情况。将其转化为对偶问题：

$$\begin{aligned} &\min_{\alpha} \frac{1}{2}\sum_{i=1}^{l}\sum_{j=1}^{l} y_i y_j \alpha_i \alpha_j K(x_i \cdot x_j) - \sum_{i=1}^{l}\alpha_i \\ &s.t.\quad \sum_{i=1}^{l}\alpha_i y_i = 0 \\ &\qquad\quad 0 \leqslant \alpha_i \leqslant C,\ i = 1,\ \cdots,\ l \end{aligned} \tag{2-44}$$

式中，α_i 为 Lagrange 乘子；$K(x_i \cdot x_j)=\varphi(x_i)\cdot\varphi(x_j)\in R^n$ 为核函数，表示 $\varphi(x_i)$ 与 $\varphi(x_j)$ 内积。如果 $K(x_i \cdot x_j)$ 为正定或者半正定的，则式(2-44)为凸二次规划问题，此时，该优化问题能够取得最优解的充要条件是对应的 KKT 条件成立。令 $f_i=f(x_i)=\mathrm{sgn}[\sum_{j=1}^{l}\alpha_j y_j K(x_j,\ x_i)+b]$，则式(2-44)的 KKT 条件如下[1]：

$$① \quad \begin{cases} y_i f_i \geqslant 1, & \alpha_i=0 \\ y_i f_i=1, & 0<\alpha_i<C \\ y_i f_i<1, & \alpha_i=C \end{cases} \quad 即 \begin{cases} \alpha_i=0, & f_i\geqslant 1 \text{ 或 } f_i\leqslant -1 \\ 0<\alpha_i<C, & f_i=1 \text{ 或 } f_i=-1 \\ \alpha_i=C, & -1\leqslant f_i\leqslant 1 \end{cases} \tag{2-45}$$

$$② \quad \sum_{i=1}^{l}\alpha_i y_i=0 \tag{2-46}$$

解得 α^*(Lagrange 乘子的特解)，则 w^* 的公式如下：

$$w^*=\sum_{i=1}^{l}\alpha_i^* y_i\varphi(x_i) \tag{2-47}$$

对于 b^* 的计算，方法如下：

① 若存在 $0<\alpha_j^*<C$，则选择 α^* 的一个分量 α_j^*，且 $\alpha_j^*>0$，则 b^* 的计算如下：

$$b^*=y_j-\sum_{i=1}^{l}\alpha_i^* y_i K(x_j,\ x_i) \tag{2-48}$$

② 若不存在 $0<\alpha_j^*<C$，即每一个分量 $\alpha_j^*=0$ 或 $\alpha_j^*=C$，在实际计算中，通常 b^* 的计算方法如下：

$$b^*=\frac{b_{\min}+b_{\max}}{2} \tag{2-49}$$

其中，b^* 取值范围为：$b\in[b_{\min},\ b_{\max}]$。

最终得到决策函数 $f(x)$ 的表达式：

$$f(x)=\mathrm{sgn}\left[\sum_{i=1}^{l}\alpha_i^* y_i K(x_j\cdot x_i)+b^*\right] \tag{2-50}$$

对于非线性分类而言，由式(2-47)和式(2-48)可以看出，只有 Lagrange 乘子 $\alpha_i^*\neq 0$ 时对应的数据样本才决定了 w 和 b 的值，从而决定了分类决策面。因而，与线性模型相似，非线性的分类模型也仅由 $\alpha_i^*>0$ 对应的样本决定，这些样本就是所谓的支持向量。

(4) 支持向量

Lagrange 乘子 α_i 可以通过式(2-35)得到，α_i 的取值分为三种情况：①$\alpha_i=$

0；②$0<\alpha_i<C$；③$\alpha_i=C$。$0<\alpha_i<C$ 或者 $\alpha_i=C$ 对应的样本就是SV(Support Vector)，即支持向量。由前面内容可知，SVC分类机仅由支持向量决定，而支持向量又分为两类：①界内支持向量；②边界支持向量(Boundary Support Vector，BSV)。

支持向量集对于SVC学习机的构建起到了决定性作用，它决定了分类超平面和决策函数，可以作为数据集中大部分数据对象的代表。我们常常使用数目有限的支持向量集取代全体数据集训练分类器，可以在不降低分类精度的情况下提高分类效率。这样，对于整个数据集的训练，就可简化为只对支持向量集进行相关操作，大大减少了学习复杂性。

以正类数据对象 x_i^+ 为例，符合条件 $w^* \cdot x_i^+ + b^* > 1$ 的样本点所在区域叫作“间隔外的正确划分区”，满足条件 $w^* \cdot x_i^+ + b^* = 1$ 的样本点所在区域叫作“间隔边界上的正确划分区”。对负类样本有类似的规定。图2-5中直线 $w^* \cdot x + b^* = 0$ 是空间 R^2 上的划分线，直线 l_1：$w^* \cdot x + b^* = 1$ 和 l_2：$w^* \cdot x + b^* = -1$ 是两条支持直线，正类的非支持向量位于支持直线 l_1 的一侧；负类的非支持向量位于支持直线 l_2 的一侧。两类数据对象的支持向量分别位于直线 l_1，l_2 上，“支持向量”一词就是这样来的。

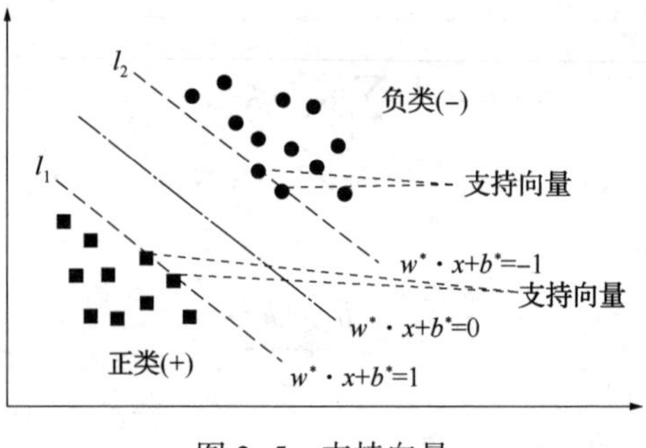

图2-5　支持向量

定理2.9　支持向量有以下性质[6]：

① 界内的支持向量一定位于间隔边界上的正确划分区；

② 支持向量不会出现在间隔以外的正确划分区；

③ 非支持向量一定位于带有间隔的正确划分区。

2.4　核函数

(1) 核函数定义

在求解非线性分类或者非线性回归问题时，我们要通过映射函数 φ 将数据对象从原始空间映射到高维空间，在这个过程中，并不需要知道 φ 的具体形式，只需要将内积函数转化成核函数来解决，也就是通过 $K(x, y)=\varphi(x)\cdot\varphi(y)$ 来解决高维数据的模式识别问题。SVM 采用核技巧来求解非线性分类问题的时候，不需要先在原始空间中对训练数据作非线性变换，然后再到高维目标空间中去求解，而是先在原始空间中构造内积 $\varphi(x_i)\cdot\varphi(x_j)$，然后对结果进行非线性变换。这样，大部分工作只需要在原始输入空间中做，不必带入高维特征空间中去。又因为映射函数 φ 都是以内积的形式出现，从不单独出现，所以不必选取其具体的表达式，使得决策函数的求解过程只需要用核函数 $K(x_i, x_j)$ 来代替内积 $\varphi(x_i)\cdot\varphi(x_j)$ 即可。

定义 2.7（核函数） 如果存在从 R^n 到 *Hilbert* 空间 H 的变换 Φ：

$$\Phi: \begin{array}{l} R^n \to H \\ x \to \Phi(x) \end{array} \tag{2-51}$$

使得 $K(x, y)=\varphi(x)\cdot\varphi(y)$ 成立，则称定义在 $R^n\cdot R^n$ 上的函数 $K(x, y)$ 是 $R^n\cdot R^n$ 的核函数。式中，$(\cdot)$ 表示空间 H 中的内积[5]。

定理 2.10（Mercer 定理[1]） 对称函数 $K(x, z)\in L^2$ 能够以正系数 a_i 展开成 $K(x, z)=\sum_{i=1}^{\infty} a_i\varphi_i(x)\cdot\varphi_i(z)$ 形式的充分必要条件是：对于所有满足 $\int_X g^2(x)\,\mathrm{d}x<\infty$ 且 $g\neq 0$ 的函数 $g(x)$，有：

$$\iint_{X\times X} K(x, z)g(x)g(z)\,\mathrm{d}x\mathrm{d}z \geqslant 0 \tag{2-52}$$

成立。满足 Mercer 条件的内积函数 $K(\cdot, \cdot)$ 称为核函数。

（2）常用的核函数

采用不同的核函数，对应着不同的 SVM 学习机。常用的核函数有：

① 线性核函数：

$$K(x, x_i)=x\cdot x_i \tag{2-53}$$

② 径向基核函数 RBF（也称高斯径向基核函数）：

$$K(x, x_i)=\exp\left\{-\frac{\|x-x_i\|^2}{2\sigma^2}\right\} \tag{2-54}$$

③ 多项式核函数：

$$K(x, x_i)=[(x\cdot x_i)+1]^d \tag{2-55}$$

其中，齐次多项式核函数为：

$$K(x, x_i)=(x\cdot x_i)^d \tag{2-56}$$

④ sigmoid 核函数：

$$K(x, x_i)=\tanh[\alpha(x \cdot x_i)+r] \tag{2-57}$$

⑤ fourier 核函数：

$$K(x, x_i)=\frac{1-q^2}{2[1-2q\cos(x-x_i)+q^2]}(0<q<1) \tag{2-58}$$

本书采用的核函数均为高斯径向基核函数 RBF。

(3) 核函数分类精度比较

核函数的选择及核参数的确定尚无理论上的依据，一般情况下，选用径向基函数核的效果不会太差，但对于具体问题仍需要具体分析。

本章仅通过实验来比较几个常用的核函数在数据分类方面的分类效果，实验采用 UCI 或 python 随机生成的具有 4 种不同分布特点的二维数据集进行分类，比较不同核函数之间分类精度的差异，其中参数设置：惩罚因子 $C=1.0$，$gamma=3$（$gamma$ 即为 RBF 函数中的参数 σ）。关于数据集的选用，说明如下：

① 线性可分数据集采用 iris 数据集，绘制分类效果图时采用前两维属性值，该数据集的数据具有明显的线性可分性；

② 月牙形分布的数据集采用 UCI 数据库中 seeds_ dataset 数据集，绘制分类效果图时采用第 4、第 5 维属性值，该数据集的分布特点是一类数据集将另一类数据集包含在里面，其中一类数据点分布形状像一个月牙，将另一类数据样本包围在里侧；

③ 均匀分布数据集采用 Data_ User_ Modeling_ Dataset_ Hamdi Tolga KAHRAMAN 数据集，绘制分类效果图时采用的是前 2 维属性值，该集合特点是正负类数据集分布均衡且分散；

④ 非均衡分布采用 load_ breast_ cancer 数据集，绘制分类效果图时采用第 4、第 5 维属性值，其数据分布特征是一类数据样本点少且密集，另一类数据样本点多且分散。

以上具有不同分布特点的数据集如图 2-6 所示，其中，深浅颜色不同的样本点代表正负两类样本点。

分类效果示意图 2-7 显示了分别使用线性核函数（linear）、多项式核函数（poly）、径向基核函数（RBF）以及 sigmoid 核函数，对于以下具有不同数据分布特点的数据集的分类效果：线性可分数据集、月牙形分布数据集、均匀分布数据集和非均衡分布数据集。

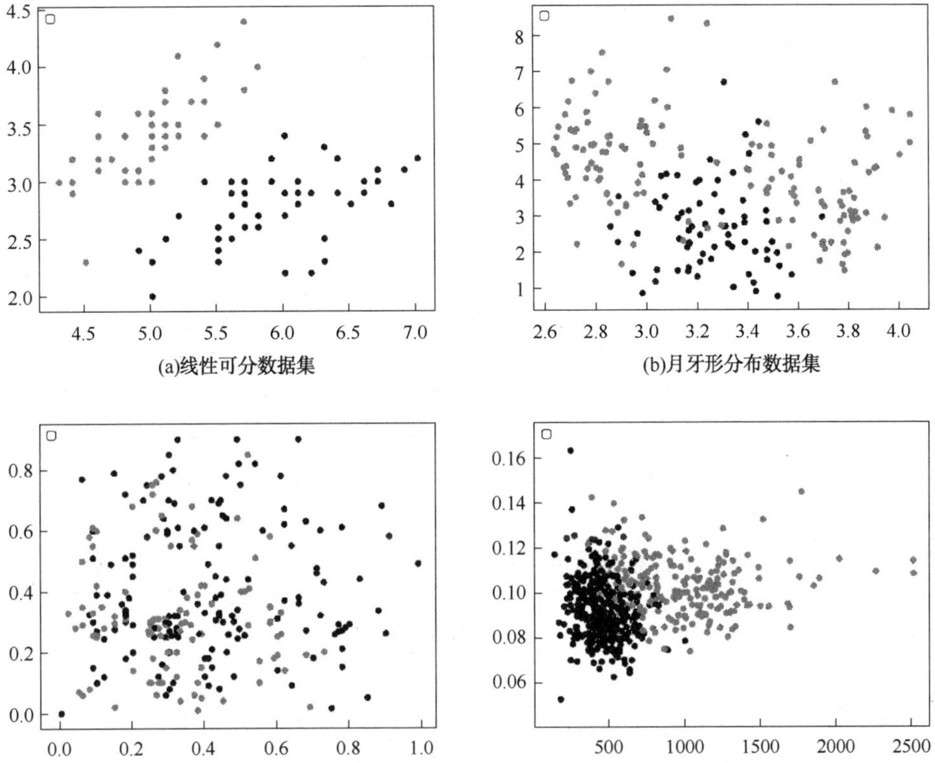

(a)线性可分数据集　(b)月牙形分布数据集

(c)均匀分布数据集　(d)非均衡分布数据集

图 2-6　数据集分布图

从图 2-7(a)中可以看出，对于线性可分数据集：除了 sigmoid 核函数以外，其他三个核函数均获得了较为理想的分类效果，其分类精度均为 100%；图 2-7(b)是月牙形分布的数据集分类结果图，可以看到 sigmoid 核函数的分类精度较低，而高斯径向基核函数(RBF)映射下的 SVM 具有高达 89%的精度，明显优于其他核函数的分类效果；图 2-7(c)是使用 4 个不同的核函数对均匀分布的数据集进行训练的结果，可以看出使用高斯径向基核函数(RBF)的学习效果最好；图 2-7(d)显示了在 4 个不同核函数映射下对非均衡数据样本集的训练结果，由图 2-7(d)可以看出 sigmoid 核函数分类精度最低，线性核函数和多项式核函数的分类精度大体一致，高斯径向基核函数具有最好的分类精度(94.4%)。

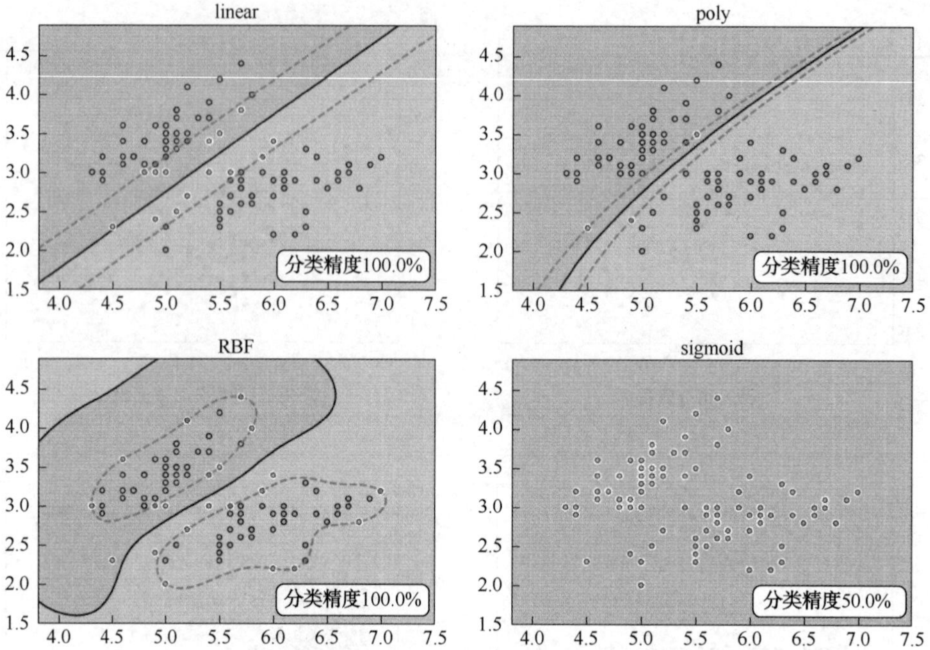

(a)线性可分数据集

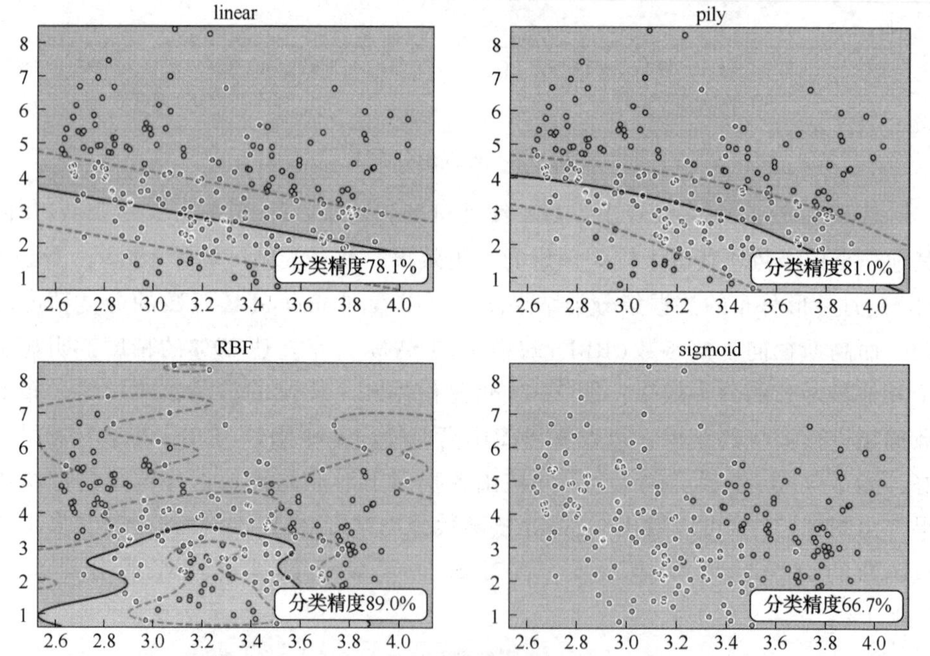

(b)月牙形分布数据集

图 2-7 分类效果示意图

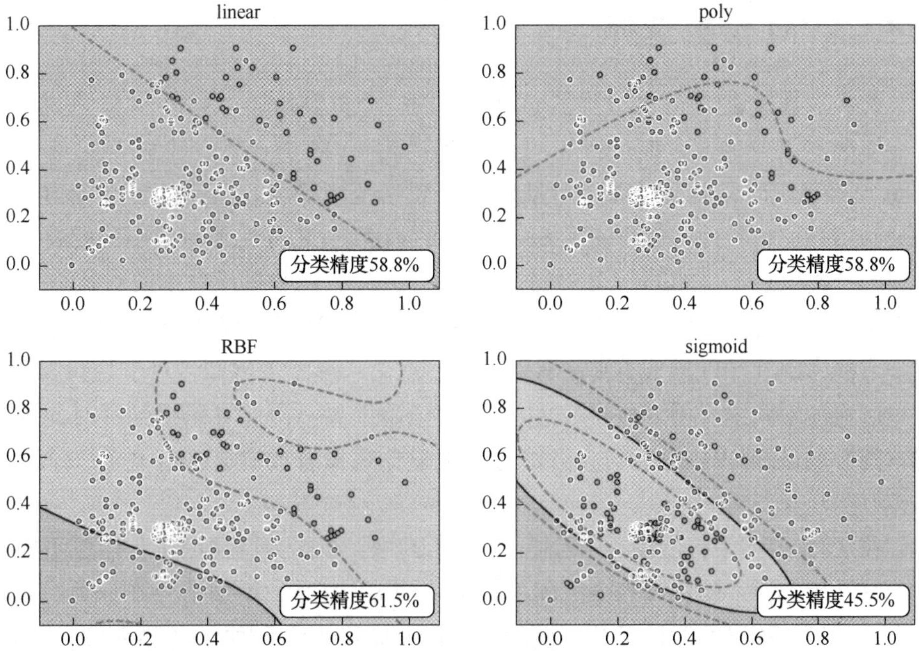

(c)均匀分布数据集

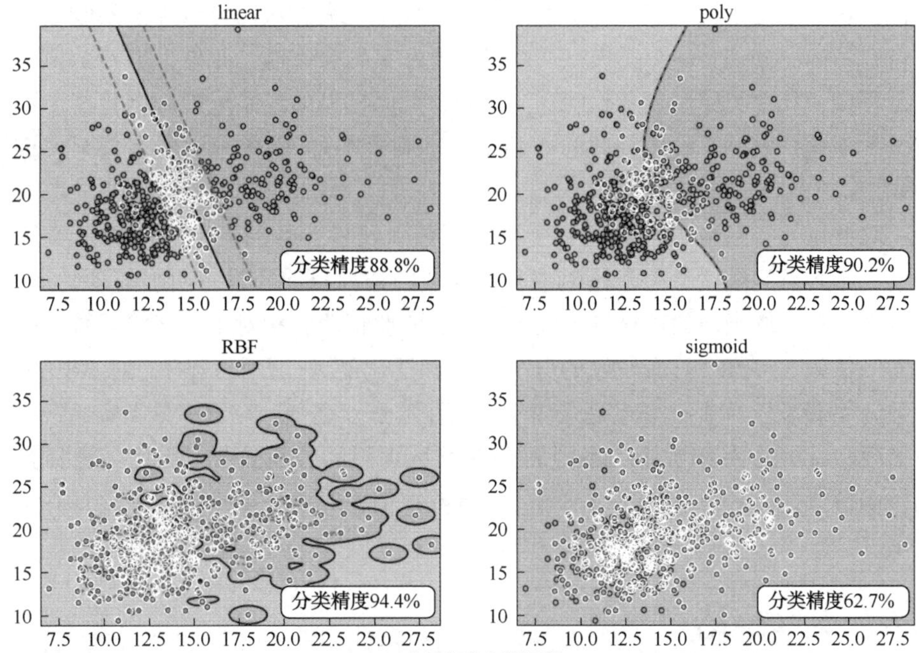

(d)非均衡分布数据集

图 2-7　分类效果示意图(续)

2.5 SVM 参数选择

参数选择是影响 SVM 分类器学习能力的一个重要指标。对于 SVM 来说，如果能够确定函数的 VC 维，SVM 可以找到满足 ERM 的函数；也就是意味着当 ERM 已经确定时，SVM 决策函数能够保证置信范围最小。不同的子空间由于数据分布特点的相异性，使得满足 SRM 原则的最优 SVM 分类器对于不同的特征子空间的分类效果不尽相同。而 SVM 模型中惩罚因子 C 和核函数中的参数 σ 对分类模型的性能有着重要的影响。对它们的优化可以保证获得全局最优解，对分类器学习能力的好坏以及分类精度有着重要的意义。由 SLT 可知，对于惩罚因子 C 和核参数的不同组合可以获得 SVM 模型的风险上界，由此可以得到针对此训练样本集合的最好 SVM 分类器，可以有效地避免过拟合或者欠拟合现象，从而获得较好的泛化能力[7]。

在 SVM 模型中，Lagrange 因子 $\alpha_i \leqslant C$，其中，C 作为惩罚因子，用以平衡算法的复杂度和样本的错误划分之间的比例。当 $C \to \infty$ 时，模型不允许分类误差的存在，即样本绝对的线性可分，此时算法的复杂度大大增加；当 $C \to 0$ 时，SVM 模型对误差的惩罚可以任意小，即分类模型只考虑间隔尽可能大，不考虑分类正确性，这样会使学习模型的复杂度小而经验风险值大，从而导致算法不收敛。上述这两种情况分别会使分类模型产生过拟合和欠拟合问题；此外，当 C 的值大到一定程度，其分类模型复杂程度达到上限，此时模型的经验风险和泛化能力不会有太大变化。因此，设置合理的 C 值对于获得理想的 SVM 分类器有着至关重要的作用。

除此以外，SVM 的性能还会受到核函数以及核参数的影响。SVM 分类算法中的一个难点问题就是关于核函数和核参数的选择目前还没有明确的理论证明，很多学者对于核函数的选择做了大量实验，实验证明，相对于其他核函数，高斯径向基核函数(RBF)具有较好的分类效果和泛化能力(见 2.4 节)。对 RBF 中的参数 σ 的设置，一直以来也是众多学者关注的焦点之一，在很多分类实验中，有时需要尝试 RBF 核函数中的不同 σ 值来获取理想的分类效果。因此，选择合适的核函数以及设置合适的惩罚因子、核参数取值，对于分类模型的优化具有重要意义。

2.6 本章小结

支持向量分类机(SVC)是基于统计学理论的 VC 维和结构风险最小化原则上

发展起来的一种机器分类方法，具有完备、成熟的理论基础，能够寻求到全局最优解，具有对维数不敏感、适应性强和泛化性能好等优点，对于线性可分、近似线性可分以及非线性划分三种情况，SVC分别通过硬间隔最大化、软间隔最大化以及核函数等方法来实现数据分类。同时，支持向量分类机又克服了传统机器学习分类机在有限样本情况下容易产生“过学习”等缺陷，是一种非常重要的机器学习方法，常用于数据挖掘的分类问题中。

本章针对本书中将用到的统计学习理论、支持向量机的基本原理和方法做了概括性介绍，此外对后续章节要用到的支持向量、核函数等概念做了较为详细的介绍，为基于支持向量机的分类算法的改进和研究提供了理论支撑。

参 考 文 献

[1] 吴青. 拓展支持向量机算法研究[M]. 北京：科学出版社，2015：17-21，26，97.

[2] Vapnik V N，Chervonenkis A Y. On the uniform convergence of relative frequencies of events to their probabilities[J]. Theory of Probability and its Applications，1971，16(2)：264-280.

[3] 王宇凡. 未确知信息分析的模糊支持向量机优化研究[D]. 西安：西北工业大学，2014：17-20.

[4] 邓乃扬，田英杰. 支持向量机——理论、算法与拓展[M]. 北京：科学出版社，2009：120-121.

[5] 周志华. 机器学习[M]. 北京：清华大学出版社，2017：26-112，126.

[6] 吴青. 基于优化理论的支持向量机学习算法研究[D]. 西安：西安电子科技大学，2009：2-30.

[7] 陈青锋. 支持向量机的多分类扩展算法研究[D]. 长沙：湖南大学，2015：25-26.

3 基于样本选择策略的 SMOTE-SVM 算法对于非均衡数据的分类研究

非均衡数据集是指数据集内正负两类样本点数目相差较大的数据集。在各种数据集之中，非均衡数据集是一种很特殊的数据集，它最大的特征表现在数据的不平衡性上。因此，对非均衡数据集的分类也就成为数据挖掘中的一种特殊情况。生产生活中很多领域常常会遇到非均衡数据集的情况，例如：石油、天然气泄漏检测系统在实际运行阶段极少发生泄漏或者在测试阶段由于泄漏数据采集方式和时长的原因，使得采集到的泄漏样本数据个数远小于正常样本个数，这样得到的样本集就是非均衡数据集。

基于 SVM 理论构建分类器和分类模型是从 SRM 理论出发的，所以，对非均衡数据的分类，会更倾向于多数类样本，使得少数类的分类权重被严重限制。因此，当训练集中两类样本数量比例不平衡时，或者正负两类样本被错分的代价不均衡时，便不再适合使用标准的 SVM 进行分类。

目前，常用的对于非均衡数据集的分类方法除了在数据层面上进行处理，还包括从分类器的训练方式、特征选择方式、分类器模型等角度出发的算法层面上的改进。在数据层面上采用的方法包括：过采样策略、欠采样策略、混合策略等，这些方法分别是通过为少数类复制或生成新的样本点、丢弃多数类的部分样本点、综合使用两种方法等，最终达到数据平衡的目的。

SMOTE 算法是经典的过采样算法之一，Random-SMOTE 过采样的原理是在一个相对更广泛的区域内生成新的小类样本，从而消除数据类别间的不平衡性，它是 SMOTE 算法的改进[1]。这两个过采样算法都是为某个小类对象和它的同类近邻对象之间通过线性插值产生新的实例，以此来消除类别之间在数量上的差别，实现数据平衡。这两种过采样算法简单易行，在一定程度上可以有效地避免分类器的过拟合，但它们仍然存在着盲目插值、正负类边界模糊等缺陷。

本章提出了一种基于样本选择策略的改进 SMOTE-SVM 算法。为了避免

SMOTE 以及 Random-SMOTE 算法盲目插值带来的样本冗余问题以及边界模糊等问题，该算法首先采用 *K-means* 算法在大类数据集中聚类；其次提出基于中心距离比值的 *K*-最近邻提取算法确定最优 *K*-最近邻数目，以大类数据集中聚类之后的 K_C 个簇中心为样本，寻求它们的异类 *K*-最近邻，从而形成小类数据中的边界决策样本集；再次，在改进的过采样算法——Random-SMOTE 过采样策略的基础上，以上述决策样本集作为父样本为小类数据合成新的实例，并删除边界重叠样本，重构数据集以实现数据平衡；最后，采用 SVM 算法对重构后的样本集进行分类。选取 F-measure 和 G-mean 值以及 ROC 曲线、*AUC* 值来评价该算法的性能，实验结果表明，该算法对于非均衡数据的分类效果较好。

3.1 非均衡数据分类概述

在故障诊断领域，设备在使用过程中很少发生故障或者在仿真试验阶段的某些情况下，由于数据采集方式的限制，使得获取的故障样本数量远小于正常样本数量。在非均衡数据的分类中，少数类样本的识别率往往是人们更关注的，因为，它们对于分类模型的构建更有价值，例如在故障诊断领域，我们更注重故障数据的识别率，这对于判断设备是否出现异常具有决定性作用。但是，SVM 分类一般都是以提高总体分类精度为目标的，所以往往会造成少数类的分类性能较差，这并不是我们所期望的，因此，随着对非均衡数据集分类研究的深入，国内外学者在如何提升少数类的识别率方面做了大量工作，非均衡数据的分类问题已经成为数据挖掘领域和故障诊断领域共同关注的问题之一[2-4]。

目前，对于非均衡数据的分类主要从数据和算法两个角度进行处理和改进。

3.1.1 算法层面上的研究

在算法层面，很多研究是基于集成学习、代价敏感学习以及单类学习等几个方面来实现非均衡数据的分类。

(1) 代价敏感学习

代价敏感学习的核心思想主要是关注类错分代价，也就是以取得最小的误分类代价为目的。主要包括以下几个研究方向：

① 第一种研究方向是使特定分类器支持代价敏感学习。Drummond 从不平衡度和错分代价两个方面对分类的影响做了分析[5]；Lee 将其扩展方法应用到多分类，提出重采样偏置[6]；除此以外，还有学者提出关于支持向量机的代价敏感学习方法[7]和决策树支持的代价敏感学习方法[8]以及 Xie 等证明了当两个样本协方

差矩阵不相等时，类别不平衡对 Fisher 线性判别器的性能有负面影响，为了减少类不平衡的负面影响，提出了一种加权类不平衡算法(WFLD)[9]。

② 第二种研究方法是寻找一种可以应用于大部分分类器中的通用方案[10,11]。

(2) 集成学习

Hansen L. K. 等提出基于神经网络的集成学习方法后，集成学习越来越受到重视[12]；Schapire 等在强、弱学习器概念提出之后，继而提出了多个弱学习器能够集成强学习器的方法，促进了 Boosting 算法的发展[13]；Freund Y. 等提出了 AdaBoost算法，不但解决了前两种方法的泛化下界的限制问题，还提高了效率，更容易在实际数据集中得到应用[14]；Breiman 等提出了应用较为广泛的 Bagging 算法[15]；Schapire 等在文本分类的应用上研究出了 Boosting 方法[16]；Ridgeway G. 结合 Boosting 和 Bagging 两种方法实现了复杂数据的密度估计[17]；对 AdaBoost 算法，有学者验证该算法可以很好地对非均衡数据进行处理；还有学者们提出了不同的改进策略，如 RareBoost 算法[18]。这两种算法为了提高少数类数据集的分类精度，加大了分类错误的少数类样本的权值，甚至比多类的权值更高。除此以外，国内还有很多学者提出了基于集成学习的非均衡数据分类算法[19-21]。

(3) 单类分类器

只对其中一类数据进行训练和分类来提升非均衡数据集的分类效率即为单分类问题。因为其进行训练的数据集数目少，且只有单一类别，直接节省了数据集训总的时间复杂度和空间复杂度。文献[22]利用支持向量化的方法，只对少数类数据集进行训练和测试，取得了较好的效果。正是由于单类分类器足够节约时间和空间，所以该方法在很多方面都有应用。

3.1.2 数据层面上的研究

基于数据层面上的改进方法主要是针对数据集的结构进行重建，通过数据预处理的方式来降低数据集的不平衡程度，主要包括两种方法：选取适当的方法为小类增加样本，这就是过采样技术，也叫作向上采样技术；或者采用适当的方法减少部分大类样本，即欠采样技术，也叫作向下采样技术。

欠采样技术主要是依据小类样本的数量来舍弃一部分大类样本对象来消除数据的不平衡。很显然，这种方法会随着部分大类样本的丢弃使得部分有用信息也会随之丢失，尤其是当正负类样本的比例相差较大时，就需要更多的大类样本点被丢弃，这样就会造成很多大类样本点所携带的信息被删除，从而发生“欠拟合”现象。

基于上述缺点，过采样技术常用来作为重构数据集的方法。过采样技术常常使用简单复制部分小类数据或者通过某些算法对小类样本进行人工合成新样本等方法来均衡类分布。早期的过采样方法就属于前一种，它属于随机采样技术，但是它并没有给小类增加新的有价值的信息，会使分类决策的范围变小，从而容易使得模型产生过拟合问题，即使得模型学习到的信息过于特别而不够泛化。为克服这个问题，有学者在少数类中加入随机高斯噪声以达到数据重构的目的，但并没有取得较好的效果。此外，Chawla 和 Bowyer 等提出了一种过采样方法——少类样本合成过采样技术，被称为 SMOTE 方法，该方法在某个小类样本和选中的同类其他样本点之间线性插入新数据，能从某种程度上克服过学习的缺陷，取得了不错的效果[23]。除此以外，还有很多学者提出了过采样的改进算法，包括：将 SMOTE 方法同标准 Boosting 过程相融合的过采样技术；He 等提出了一种过采样专家系统，该方法设计了不同采样率下的分类器，将它们进行组合并训练分类器，可以自适应确定最佳采样率，从而解决了 SMOTE 算法难以确定小类和大类样本的最优分布问题[24]；此外，有学者提出的 Borderline-SMOTE 算法通过把小类样本进行分类并对其中的边界样本进行插值的过采样来实现数据层面上的处理[25]；另外，董燕杰提出了另外一种改进算法——Random-SMOTE 算法，该算法扩大了线性插值的范围，并解决了 SMOTE 算法容易产生分布边缘化以及盲目插值的情况[1]；王春玉等提出了一种改进算法——AdaBoost-SVM-OBMS，该算法利用 Boosting 算法，基于 SVM 分类模型，在每次 Boosting 迭代时针对少数类中的错分样本进行同类间的近邻插值过采样，以改善分类器的识别能力[26]；Piri 等提出了利用 SMOTE 过采样算法为少数类生成样本的 SIMO 算法以及加权 SIMO 算法，给予少数类样本以更高的关注[27]；Liu 等提出了 Traso 框架将合成的少数类样本作为附加数据源，并利用转移学习将这些样本中的知识转移到少数类中，从而提高对少数类的分类精度[28]。

3.2 现有算法描述

3.2.1 SMOTE 算法

SMOTE 算法是一种经典的过采样技术，它通过对小类样本同类近邻进行线性插值的方法来实现数据重构，以消除类别数目的不平衡。该算法的步骤如下：

Step1. 设小类样本集为 A，设样本 $x \in A$，通过计算找出与 x 距离最近的位于小类集合中的 K 个邻居，组成集合 A_1；

Step2. 依据两类样本数目比例设置采样率 N，对于每一个 $x \in A$，从 A_1 中随机选择 N 个对象 x_1，x_2，…，$x_N(N<k)$，然后组成集合 A_2；

Step3. 对于样本对象 $x_k \in A_2(k=1, 2, \cdots, N)$，采用线性插值方式，在 x 和 x_k 之间生成新的实例：

$$x_{new}=x+Rand(0, 1) \cdot \| x-x_k \| \tag{3-1}$$

其中，$Rand(0, 1)$表示 0 到 1 之间的随机数。

通过 SMOTE 算法的基本理论，以及对过采样前的非均衡数据集的分析，可以看出，SMOTE 非均衡数据过采样算法主要从以下两个方面进行相应的提升和改进[29]。

（1）降低 SMOTE 非均衡数据过采样算法在采样过程中的局限性及盲目性

SMOTE 算法之前的采样方法为随机向上采样方法，这种方法能够平衡数据集，但因为随机采样严重缺乏原则，导致采样效果不理想。SMOTE 算法采用线性插值的基本数学理论，对数据样本 x_i，选择其最近邻的 K 个样本，然后按照一定的数学规则有目的地进行数据构造，能够有效避免盲目性和局限性。

（2）有效减少了过拟合现象

传统的过采样技术采用复制数据的方法，由于采样过程中决策域的变小而导致了过拟合，SMOTE 算法可有效避免这种缺陷。

然而，SMOTE 算法虽然比之前的过采样方法有了很大改进，但依然存在一些不足之处，表现在以下几个方面[29]：

① 插值的有效性问题

考虑到 SMOTE 算法的 K 个最近邻样本的关键性，如果存在某些样本散列点，就会出现插值样本处于散列点的中间，这对插值样本的有效性强弱提出了质疑。

② 模糊正负类边界

如果一个负类样本处于少数类数据集的边缘，进行 SMOTE 插值可能导致相近邻的“人造”样本也处于这种边缘。并且因为 K 近邻插值的随机性原因，会导致这种边缘化逐渐加重，进而会产生模糊正负类边界的问题。

③ 影响少数类数据的分布

对于某些少数类数据，其存在一定的分布模式，SMOTE 算法会逐渐模糊这种分布，致使数据集的分布模式被改变。SMOTE 算法是对所有少数类样本进行操作的，若存在孤立点问题，不考虑其特殊性，就很难避免噪声对少数类分类效果的影响。

3.2.2 Random-SMOTE 算法

针对 SMOTE 算法无法改变少数类分布稀疏以及盲目插值的情况，一种改进的数据重构算法——Random-SMOTE 算法被提出[1]。其基本思想是：设小类数据集合为 A，采样倍率为 N，已知 $x \in A$，在集合 A 中随机选择两个样本 x_1，x_2，在以 x，x_1，x_2 为顶点构成的三角形区域内生成 N 个新的样本点。具体方法如下：

（1）首先在 x_1，x_2 之间进行随机线性插值，生成 N 个临时样本 $t_i(i=1, 2, \cdots, N)$

$$t_i = x_1 + Rand(0, 1) \cdot (x_2 - x_1),\ i=1, 2, \cdots, N \tag{3-2}$$

（2）在临时样本 t_i 与 x 之间进行随机线性插值，人为生成新的小类样本 $p_i(i=1, 2, \cdots, N)$

$$p_i = x + Rand(0, 1) \cdot (t_i - x),\ i=1, 2, \cdots, N \tag{3-3}$$

该算法的原理如图 3-1 所示。

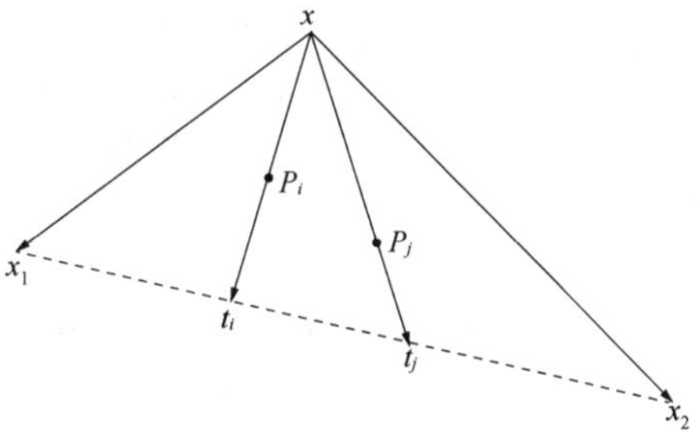

图 3-1 Random-SMOTE 样本合成原理

该算法最大的优点是在一定程度上降低了 SMOTE 线性插值的盲目性，在一个相对更广泛的区域内生成新的小类样本，改变了大类和小类的样本比例，消除了不平衡性。此外，少数类样本分布稀疏的情况也有所改进，并且在一定程度上避免了“过拟合”现象。

3.2.3 基于样本分类贡献的 AKN 样本选择策略

（1）样本点对于分类器的贡献

Kubat 等提出的单边选择算法（One-Side Selection），通过判定某数据对象与它最近的 K 个邻居是否属于同一类别，将该样本划分为四种类型：安全样本、冗余样本、边界样本和噪声样本[30]。传统分类器对于“冗余样本”及“安全样本”这两类样本的识别度较高，而处于两类交界处的“边界样本”和“噪声样本”，往往会出现类别混杂的情况，被称为“不安全样本”，需要分类器给予它们更多的关注。类似地，SVM 分类算法也对数据的类型进行了区分，除了“噪声样本”和“冗余样本”以外，该算法根据 Lagrange 参数 α_i 的取值，将“安全样本”和“边界样本”做了相应的定义，其中，边界样本被称为“不安全样本”[31]。

① $\alpha_i=0$ 对应的是位于间隔平面外的被正确划分的样本点，称为安全样本；

② $0<\alpha_i<C$ 对应的是被正确分类但落在间隔边界上的样本点，称为边界样本；

③ $\alpha_i=C$ 对应的是落在两个间隔边界之间且有可能被误分，与超平面的距离小于几何间隔的样本，属于边界样本。

如图 3-2 所示，圆点和十字分别表示大类和小类对象；大类和小类的边界点用虚线圆圈出；被视为噪声的“重叠样本点”用实线圆圈出。

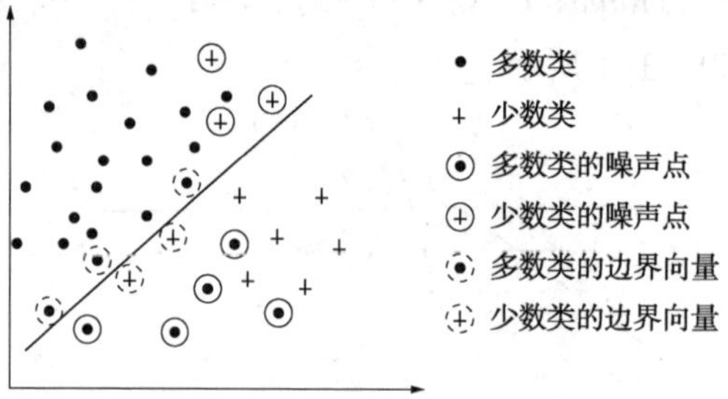

图 3-2　样本点对于分类器的不同贡献

（2）AKN 样本选择策略

在 SVM 分类中，只有支持向量才对分类模型中的 w 和 b 做出贡献，所以，对于 Random-SMOTE 算法来说，将所有的小类样本作为父样本来生成新的样本是不太合理的。这样就会在少数类中产生大量冗余样本，从而影响到用于训练分类器的样本质量并降低了 SVM 的训练效率、加大了系统开销。Han 等认为边界附近的小类样本更容易被分错，因此应给予更多的关注，为此，提出了 Borderline-SMOTE 方法，该方法仅仅关注边界附近的样本并为它们合成新样本[25]。该算法虽然充分利用了有价值的样本点进行合成，但仍然存在着不足之处，它仅根据某个小类样本点 x 的近邻中的多数类样本点个数来判断该样本点是否属于边界样本点，可能会漏掉部分有价值的样本，所以，并不十分合理。

由此可见，采样技术的关键在于采用什么样的方法，能够最大限度地保留原数据集的分布信息，得到具有代表性、对分类起关键作用的样本集。因此，快速提取有可能成为支持向量的边界样本，并利用 Random-SMOTE 方法对上述样本点而不是对全体少数类样本点进行过采样，保留并复制小类数据集中最具有分类价值的数据，可以降低 SMOTE 或者 Random-SMOTE 算法的盲目性，提高 SVM 分类精度和训练效率，降低系统开销。

陈景年提出了基于异类 K 近邻(Alien K neighbers，AKN)的支持向量加速算法[32]。针对每一个样本点 x_i，$i=1$，2，…，n，该算法在它的异类数据集中寻找离它最近的 K 个对象组成集合 A_i，最后求并集：$A=A_1\cup A_2\cup\cdots\cup A_n$，集合 A 涵盖了所有可能成为支持向量的边界样本点。简单概括，该算法就是为每一个数据点选择 K 个异类近邻构成训练集来训练学习机。该算法不同于以往的 K 近邻算法，并不是针对每一个数据对象在属于它自己的类内寻找它的 K 个邻居，而是在异类集合中寻找，所以称为基于异类 K 近邻的支持向量加速算法。该算法不受边界条件的限制，但仍然存在不足之处：①对某一类而言，对属于它的每个数据对象都要寻找其异类 K 近邻，会产生大量冗余，降低效率。②对于正负边界处重叠的样本点，可能会被误分到集合 A 中去，这样可能会将它们作为支持向量对待，降低训练集的质量。

3.2.4 K-means 算法

K-means 算法的核心思想是：随机选取 k 个初始聚类中心 $C_i(1\leqslant i\leqslant k)$，计算其他样本对象与它们的距离；然后将每个对象依据它与上述簇中心的最近距离进行簇的分配；再重新计算新的聚类中心进入下次迭代；当聚类中心不再变化或迭代次数达到最大时停止上述过程[33]。

3.3 改进的 SMOTE-SVM 算法(AKN-Random-SMOTE-SVM)设计

基于前面介绍的 Random-SMOTE 算法对所有小类样本点均进行过采样可能会产生样本冗余及模糊边界的不足之处，本章对 Random-SMOTE 算法进行了改进：首先，对多数类样本进行聚类，提取簇中心点；其次，采用改进的异类 K 近邻方法为每一个簇中心提取其 K 近邻，形成边界决策样本集；最后，将提取的边界决策样本作为父样本进行新样本合成，将这个基于样本选择策略的改进过采样算法称为 AKN-Random-SMOTE 算法。

该算法中有一个重要参数“每个簇中心的异类 K 近邻个数”，如何优化参数 K 成为提高该算法性能的一个关键因素。

3.3.1 基于中心距离比值的异类 K 近邻个数提取算法设计

(1) 中心距离比值法提取边界矢量

文献[34]提出了采用中心距离比值法提取边界矢量的思想。设正类训练样本集为 $S^+=\{(x_i^+, y_i^+)\mid y_i^+=1\}$，负类训练样本集为 $S^-=\{(x_i^-, y_i^-)\mid y_i^-=-1\}$，$S^+$ 含有训练样本个数为 l^+，S^- 含有训练样本个数为 l^-，则总训练样本个数为 $l=l^++l^-$。正类样本 x_i^+ 到正类样本中心点 μ^+ 的距离记为 d_i^+，称为 x_i^+ 的自中心距离；正类样本 x_i^+ 到负类样本中心点 μ^- 的距离记为 Dr_i^+，称为 x_i^+ 的异中心距离。同理，负类样本 x_i^- 到负类样本中心点 μ^- 的距离记为 d_i^-，称为 x_i^- 的自中心距离；负类样本 x_i^- 到正类样本中心点 μ^+ 的距离记为 Dr_i^-，称为 x_i^- 的异中心距离。

定义 3.1[34]　对二分类问题，某类样本的自中心距离与其异中心距离的比值为该类样本的中心距离比值。正负两类训练样本的中心距离比值分别定义如下：

$$
\begin{aligned}
r^+ &= \frac{d^+}{Dr^+} \\
r^- &= \frac{d^-}{Dr^-}
\end{aligned}
\tag{3-4}
$$

引理 3.1[34]　对于二分类问题，设定两个阈值：r_1，r_2，则集合 $\{x_i^+ \mid r^+>r_1, i=1, 2, \cdots, n^+\}$ 即为训练样本集 S^+ 的边界矢量集；则集合 $\{x_i^- \mid r^->r_2, i=1, 2, \cdots, n^-\}$ 即为训练样本集 S^- 的边界矢量集。

(2) 算法步骤

基于上述定理，提出了基于中心距离比值的异类 K 近邻参数选择算法，为聚类之后的多数类样本的簇中心 $C_i(i=1, 2, \cdots, K_C)$ 选取合适数量的异类 K 近邻。

前提：设少数类为正类，其中心记为 μ^+，含有 l^+ 个样本点；多数类为负类，其中心记为 μ^-，含有 l^- 个样本点。

输入：多数类样本集聚类之后的每一个簇中心 $C_i(i=1, 2, \cdots, K_C)$，阈值 r。

输出：异类 K 近邻个数。

步骤：

Step1. 计算少数类中心点和多数类中心点，分别为：$\mu^+=\frac{1}{l^+}\sum_{i=1}^{l^+}x_i^+$ 和 $\mu^-=$

$\frac{1}{l^-}\sum_{i=1}^{l^-}x_i^-$；计算多数类样本集聚类之后的每一个簇中心 $C_i(i=1, 2, \cdots, K_C)$ 与多数类中心的距离，即自中心距离 d_i^-，即 $d_i^-=\| C_i-\mu^- \|(i=1, 2, \cdots, K_C)$；同时计算 C_i 与少数类中心的距离，即异中心距离 Dr_i^-，即 $Dr_i^-=\| C_i-\mu^+ \|(i=1, 2, \cdots, K_C)$。

Step2. 计算 C_i 的中心距离比：

$$R_i=\frac{d_i^-}{Dr_i^-}, \quad i=1, 2, \cdots, K_C \tag{3-5}$$

Step3. 按照 C_i 的中心距离比进行降序排序，获得前 $r(r<K_C)$ 个中心距离比，将此 r 个聚类中心放入集合 RI 中。

Step4. 设置 $C_j\in RI(j=1, 2, \cdots, r)$ 的边界矢量集样本个数 K_j：

$$K_j=R_j\cdot l^+, \quad j=1, 2, \cdots, r \tag{3-6}$$

Step5. 设置异类 K 近邻样本个数：

$$K=\max(K_1, K_2, \cdots, K_r) \tag{3-7}$$

3.3.2 改进的异类 *K* 近邻支持向量加速算法设计

针对3.3.3节中介绍的异类 K 近邻(AKN)支持向量加速算法存在的缺陷：对某类的每一个样本点都要计算该样本点的异类 K 近邻，从而产生大量冗余的问题，我们对该算法进行了改进。在提取支持向量之前，首先根据 K-means 算法对多数类样本点进行聚类，提取 K_C 个簇类中心，经过聚类后的数据集的样本数量虽然变少，但数据的空间特征保留了下来；然后再根据本章3.4.1节提出的“基于中心距离比值提取异类 K 近邻算法”确定最优 K 近邻个数；在此基础上，针对每一个簇中心点来寻找它们的异类 K 近邻。这样，既可以达到提取支持向量的目的，又可有效地避免原算法的冗余问题。

3.3.3 删除重叠样本点算法设计

由于数据采集的局限，类别不同的数据却有可能拥有相似的属性值，从而影响分类效果。具备上述特点的数据对象往往位于类交叉或重叠区域，它们被称为“重叠样本”。分类器的错误也往往发生在类交叉或重叠区域，特别是遇到样本数量比例悬殊的时候，情况会变得更加复杂。同时，Random-SMOTE 过采样算法为少数类生成新的样本时，往往会存在模糊边界的问题。所以在分类之前，需要删除重叠样本点，减小模糊正负类边界的概率，降低噪声点对分类的不良影响。

记“重叠点”集合为 S；设 A 是少数类集合，且 $x_i \in A(i=1,\ 2,\ \cdots,\ n_A)$；设 n_A 为 A 所含样本点的个数；少数类 A 的中心记为 $\bar{x}$。删除少数类的“重叠点”的算法如下：

Step1. 初始化集合 S 和 i 的值：$S=\Phi$，$i=1$，计算少数类中心点 $\bar{x}=\frac{1}{n_A}\sum_{i=1}^{n_A} x_i$。

Step2. 对于每一个 $x \in A$，判断 x 的所有 K 近邻是否都属于多数类，如果该条件满足，则将 x 加入集合 S。

重复 Step2 直到集合 A 中的所有样本点都被遍历一遍。然后，我们将判断集合 S 是否为空，如果 $S=\Phi$，则该算法结束；否则转入 Step3。

Step3. 对于每一个样本点 $s_i \in S \subset A$，将重复以下操作：

Step3.1. 记 A 中心点为 $\bar{x}$，计算 s_i 到 $\bar{x}$ 距离 d_i，每一个 $y_j(j=1,\ 2,\ \cdots,\ k)$ 到 $\bar{x}$ 的距离 $l_j(j=1,\ 2,\ \cdots,\ k)$，其中，$y_j$ 为 s_i 的 K 近邻中的多数类样本。

Step3.2. 对每一个 d_i，若 $d_i<l_j(j=1,\ 2,\ \cdots,\ k)$，将从 S 中删除 s_i；否则保留 s_i。

重复 Step3.1、Step3.2 直到集合 S 中所有的样本点都被遍历一遍。

Step4. 集合 S 就是要找的少数类中的“重叠点”集合，删除集合 S 中所有的点。同理，用同样的方法找出多数类中的“重叠点”并将它们删除。

3.3.4 AKN-Random-SMOTE-SVM 算法流程

在 3.4.1 节~3.4.3 节给出的几个改进算法的基础上，本章提出“基于样本选择策略的改进过采样算法——AKN-Random-SMOTE-SVM 算法”，其思路如下：

Step1. 对多数类样本点，输入聚类数 K_C，采用 3.3.4 节介绍的 K-means 算法进行聚类，得到聚类中心 $C_i(i=1,\ 2,\ \cdots,\ K_C)$；

Step2. 采用 3.4.1 节给出的基于中心距离比值的异类 K 近邻个数提取算法，确定最优 K 近邻个数，根据 3.4.2 节提出的思路，针对每一个簇类中心点 $C_i(i=1,\ 2,\ \cdots,\ K_C)$，计算该中心点在少数类数据集合中距离它最近的 K 近邻，所有 K 近邻集合的并集构成边界决策样本集 B；

Step3. 对集合 B 中的每一个对象，采用 Random-SMOTE 过采样算法生成新的样本点，直到数据达到平衡；

Step4. 根据 3.4.3 节提出的算法，在两类边界区域删除“重叠样本点”，避免模糊正负类边界问题，尽可能构造保留原数据分布特性的最优训练集；

Step5. 采用 SVM 分类算法对处理过的数据进行分类。

3.4 数值实验及结果

3.4.1 实验设置

本实验选取 10 个不同的非均衡数据集，采用不同的方式对其进行处理，验证本章提出的 AKN-Random-SMOTE 算法对上述数据集具有较好的分类效果。采用的数据包括：不经过采样处理的数据以及分别经过 SMOTE 算法、Random-SMOTE 算法、本章提出的 AKN-Random-SMOTE 算法这三种过采样方法处理过的数据。最后，将经过这三种不同的过采样算法处理过的数据作为训练集，训练 SVM 分类器。

我们将上述四种算法分别称为 Original-SVM 算法、SMOTE-SVM 算法、Random-SMOTE-SVM 算法以及 AKN-Random-SMOTE-SVM 算法。最后，根据 F-measure、G-mean 值、ROC 曲线以及 *AUC* 值对它们的分类精度进行评价。

在本研究中，使用了来自 UCI 数据集和 KEEL 数据集的 10 个非均衡数据集，它们具有不同的样本量和属性。此外，它们在类间不平衡比率(IR)方面也存在差异。

表 3-1 描述了本实验所选择的非均衡数据集的特点，包括：数据集名字简称(#Abb)、样本点的属性数量(#Attr)、少数类样本点数量(#Min)、多数类样本点数量(#Maj)以及类不平衡比(IR)和数据集来源，其中，$IR=\frac{\#Min}{\#Maj}$。同时，实验过程综合考虑了数据集的样本数、维度(属性数)、非均衡比等因素，尽可能保证测试的全面性。

表 3-1 本实验中用到的非均衡数据集信息

数据集 ID	数据集	#Abb	#Attr	#Min	#Maj	IR	Data source
1	Banana	Banana	2	75	2808	0.03	KEEL
2	Haberman's Survival	Haberman	3	81	225	0.36	UCI
3	Bupa	Bupa	6	145	200	0.73	UCI
4	Appendicitis	Appendicitis	7	21	85	0.25	KEEL
5	Pima Indians Diabetes	Pima	8	268	500	0.54	KEEL

续表

数据集 ID	数据集	#Abb	#Attr	#Min	#Maj	IR	Data source
6	German Credit Data	German	20	300	700	0. 43	UCI
7	Vehicle Silhouettes	Vehicle	18	199	647	0. 31	KEEL
8	Led7digit	Led	7	52	448	0. 12	UCI
9	Wisconsin	Wisconsin	9	241	458	0. 53	UCI
10	Wine	Wine	13	48	130	0. 37	UCI

本实验中，高斯径向基核函数的参数 g 取值为 1(即 RBF 中的参数 σ 取值为 1)；除此以外，表 3-2 列出了 *K-means* 聚类中心个数的初始值 K_C，设置了 K_C 的取值范围为：$K_C \in [2, 14]$。

表 3-2 参数 K_C 取值

数据集 ID	数据集	K_C
1	Banana	10
2	Haberman	14
3	Bupa	8
4	Appendicitis	5
5	Pima	10
6	German	2
7	Vehicle	9
8	Led	10
9	Wisconsin	5
10	Wine	6

3.4.2 实验结果与分析

本实验分别利用 Original-SVM 算法、SMOTE-SVM 算法、Random-SMOTE-SVM 算法以及 AKN-Random-SMOTE-SVM 算法对表 3-1 中的非均衡数据进行分类，并将分类之后的结果进行了对比。

为了尽可能获得较为稳定的实验结果，使实验结果尽量不受测试集和训练集选取方式的影响，对于上述非均衡数据集，在选取训练集和测试集的时候采用的是十折交叉验证算法。

为了更加直观地显示分类效果，分别利用上述四种算法对某二维非均衡数据集进行操作，可以从图 3-3 中直观地对比出它们的分类效果，其中，十字表示多数类样本点；星号表示少数类样本点；圆圈圈住的样本点表示支持向量。图 3-3(a)显示了原始的未经过数据处理的二维非均衡数据在 SVM 分类算法下得到的分类效果；图 3-3(b)~(d)则给出了经过三种不同过采样算法处理下的 SVM 分类效果，这三种过采样算法结果分别为：经过 Random 过采样、Random-SMOTE 过采样及 AKN-Random-SMOTE 过采样处理下的 SVM 分类结果。

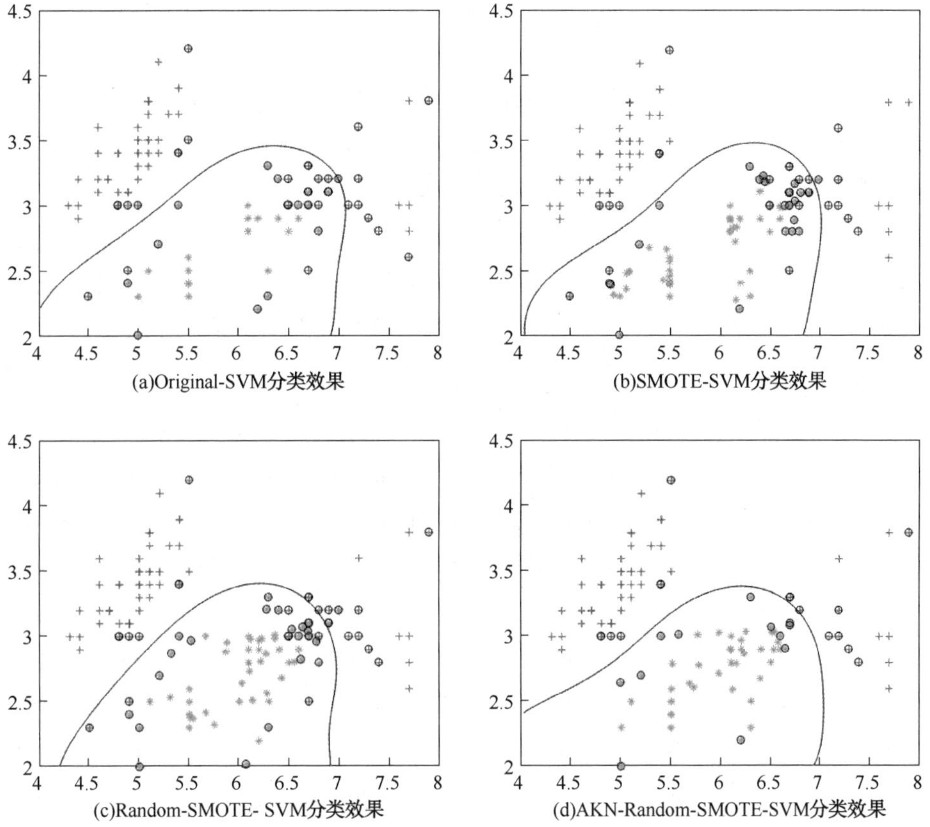

图 3-3 四种分类算法对某二维数据集的分类效果示意图

如图 3-3 所示，在不同的过采样算法下重构的数据集，其新生成的少数类的样本点在数量或分布位置上都会有差别，因为三种过采样算法为少数类生成的新样本不尽相同。可以看出，虽然本章提出的 AKN-Random-SMOTE-SVM 算法相对于其他两种过采样算法，新生成的少数类样本点是最少的，但是最后得到的分类效果却是最好的，获得了最高的分类精度。该实验结果进一步说明：AKN-Random-SMOTE-SVM 算法在对少数类进行过采样时，在尽可能保持原少数类样本分布特性的前提下，能够为少数类寻求最有价值的样本点作为父样本点进行新数据的合成，同时又避免了其他过采样算法产生的数据冗余问题。

接下来，本实验对表 3-1 中来自 UCI 和 KEEL 的 10 个高维非均衡数据集，采用不同的数据处理方式对数据进行重构，结合 SVM 分类算法进行分类。

在表 3-3 中，符号“Original-SVM”“SMOTE-SVM”“Random-SMOTE-SVM”“AKN-Random-SMOTE-SVM”分别表示数据集在没有经过数据处理和经过 Random 过采样、Random-SMOTE 过采样以及 AKN-Random-SMOTE 过采样处理下的 SVM 分类结果。

针对表 3-1 中的 10 个非均衡数据集，本实验以 F-measure 值和 G-mean 值作为分类性能评价指标；针对每种算法进行 10 次分类实验，取 F-measure 和 G-mean 值的平均值进行对比，其实验结果见表 3-3。

表 3-3　四种算法平均分类精度

Data set ID	Original-SVM		SMOTE-SVM		Random-SMOTE-SVM		AKN-Random-SMOTE-SVM	
	G-mean	F-measure	G-mean	F-measure	G-mean	F-measure	G-mean	F-measure
1	0.634	0.114	0.698	0.724	0.739	0.762	0.786	0.812
2	0.605	0.451	0.670	0.665	0.750	0.738	0.860	0.864
3	0.653	0.594	0.673	0.661	0.712	0.711	0.852	0.781
4	0.672	0.540	0.677	0.533	0.832	0.839	0.895	0.930
5	0.739	0.664	0.786	0.806	0.787	0.799	0.915	0.890
6	0.257	0.126	0.628	0.563	0.644	0.584	0.730	0.696
7	0.925	0.895	0.933	0.906	0.937	0.935	0.970	0.969
8	0.898	0.790	0.951	0.951	0.974	0.975	0.982	0.982
9	0.946	0.909	0.954	0.956	0.940	0.941	0.973	0.967
10	0.802	0.780	0.964	0.962	0.958	0.957	0.980	0.978

从表 3-3 中可以看出，对于上述 10 个高维非均衡数据集，AKN-Random-SMOTE-SVM 算法相对于其他算法有更高的 G-mean 值和 F-measure 值。为了增加对比效果，进一步将 F-measure 平均值和 G-mean 平均值以折线图形式给出，如图 3-4 所示。

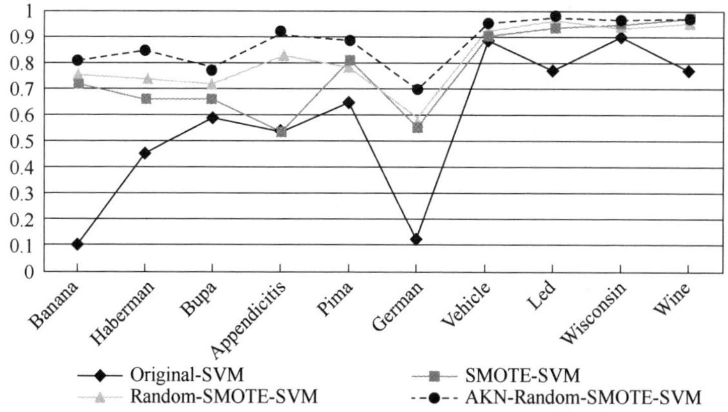

(a)四种算法对10个数据集分类的F-measure值比较

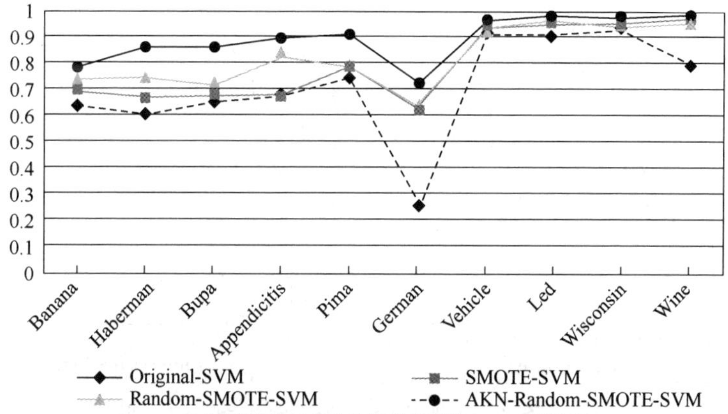

(b)四种算法对10个数据集分类的G-mean值比较

图 3-4 各算法对 10 个数据集分类的 F-measure 值及 G-mean 值对比图

最后再使用统计学工具——ROC 曲线以及 *AUC* 值来评价各个算法对这些非均衡数据集分类的效果。

以数据集 Banana、Haberman、Pima、Led 和 Wisconsin 为例，为它们绘制了不同算法下的 ROC 曲线(图 3-5~图 3-9)，并计算了它们对应的 *AUC* 值(表 3-4)，绘制了上述 5 个数据集在四种不同算法下的 *AUC* 值对比图(图 3-10)。根据它们的 ROC 曲线以及 *AUC* 值，可以说明：对于上述 10 个非均衡数据集，本章提出的 AKN-Random-SMOTE-SVM 算法相对于其他算法具有更好的分类效果。

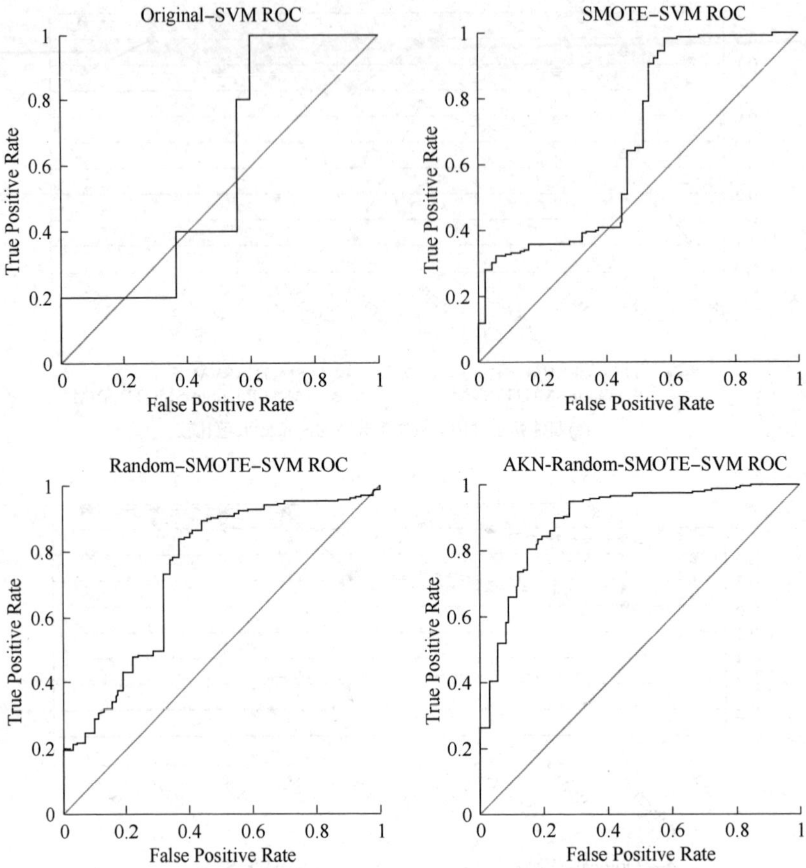

图 3-5　各算法对于 Banana 数据集分类的 ROC 曲线

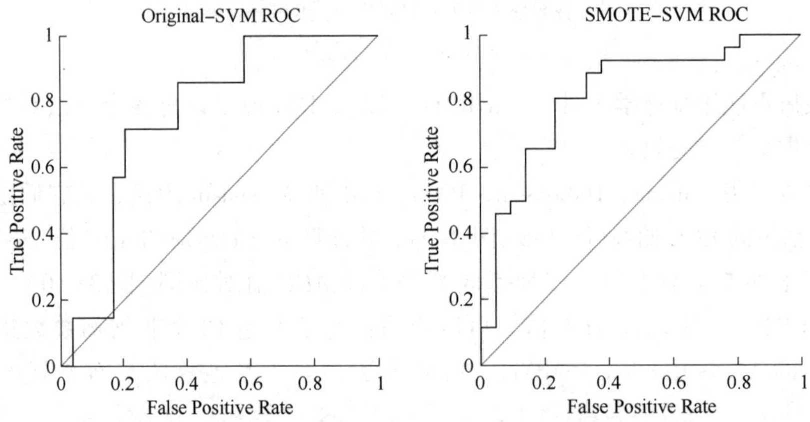

图 3-6　各算法对于 Haberman 数据集分类的 ROC 曲线

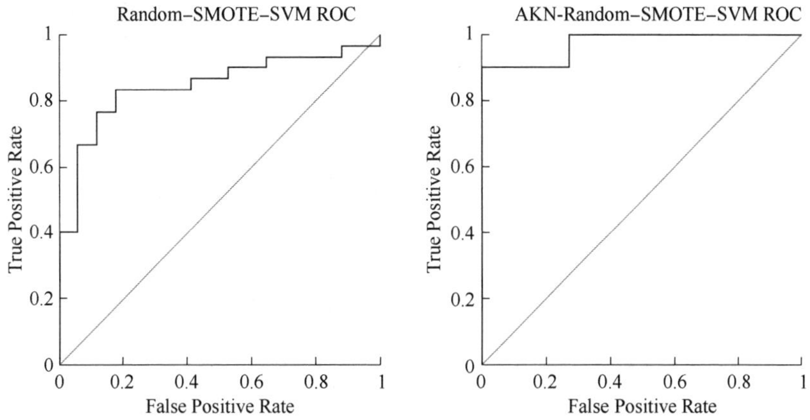

图 3-6　各算法对于 Haberman 数据集分类的 ROC 曲线(续)

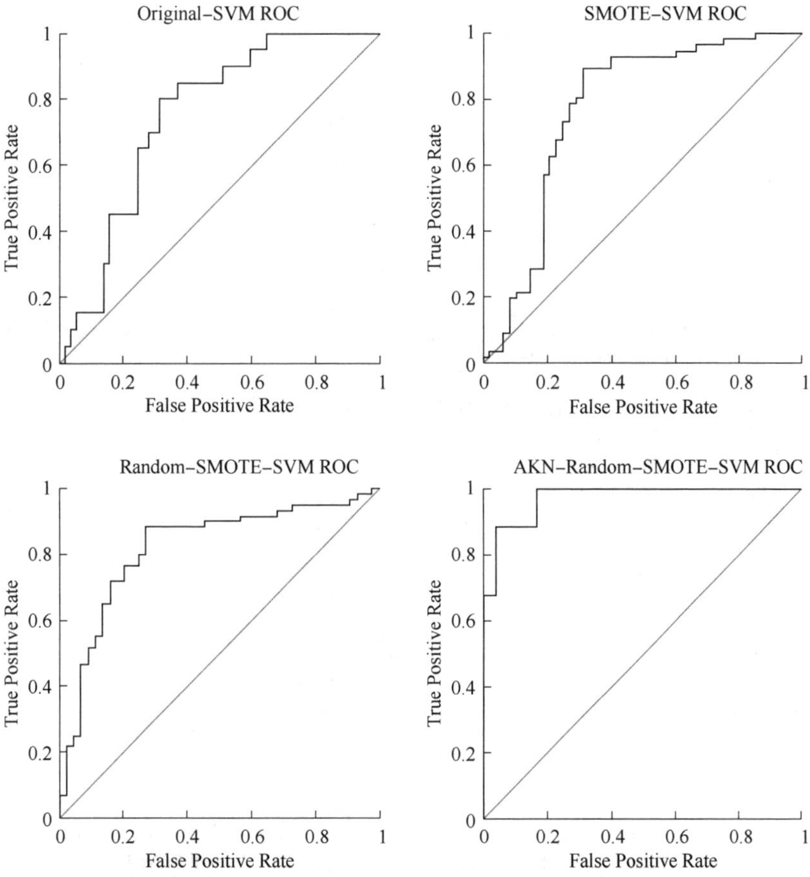

图 3-7　各算法对于 Pima 数据集分类的 ROC 曲线

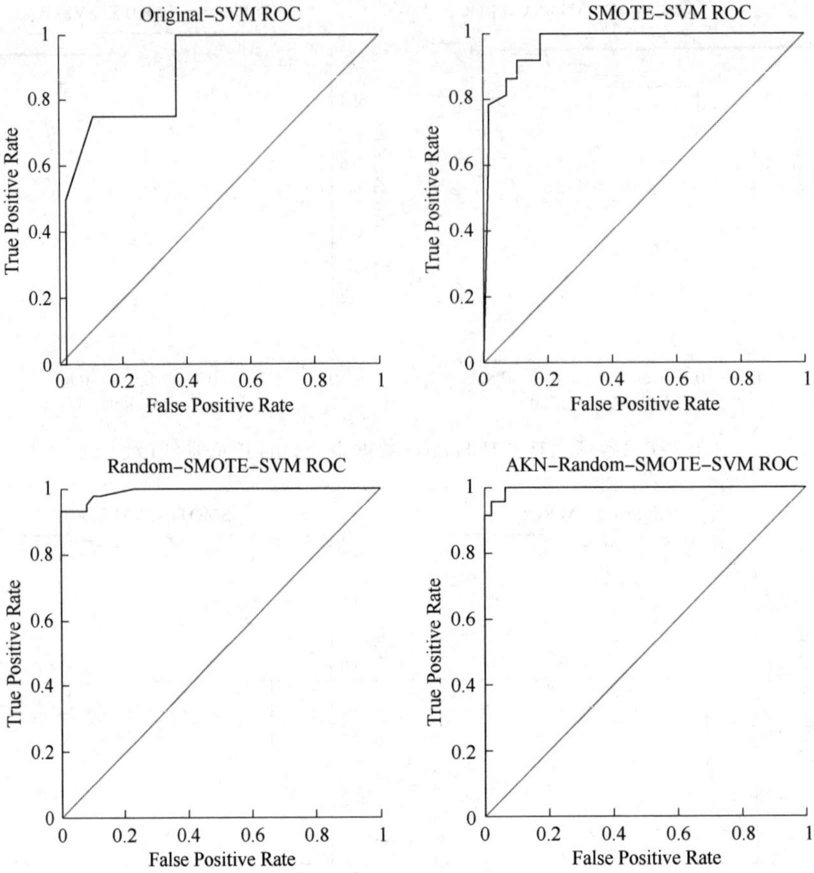

图 3-8　各算法对于 Led 数据集分类的 ROC 曲线

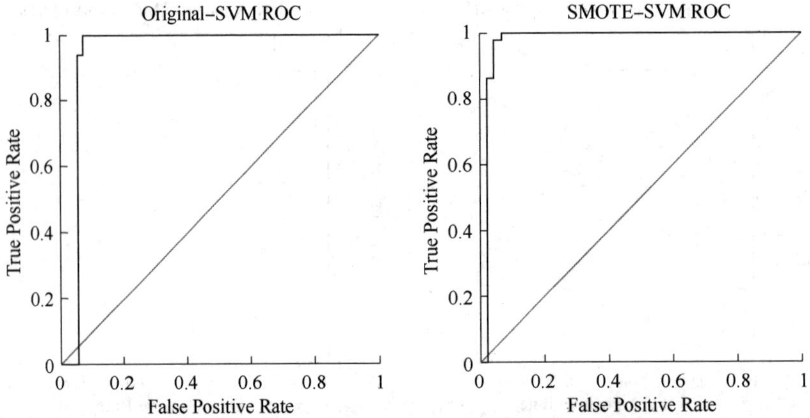

图 3-9　各算法对于 Wisconsin 数据集分类的 ROC 曲线

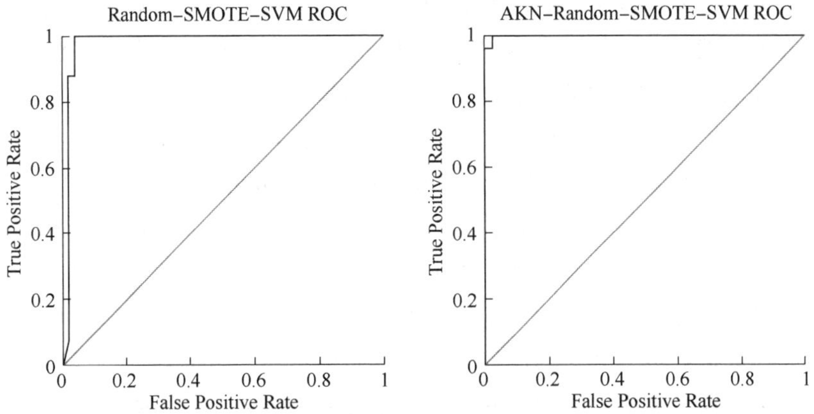

图 3-9　各算法对于 Wisconsin 数据集分类的 ROC 曲线(续)

表 3-4　各算法对于 5 个数据集分类的 *AUC* 值

Data sets	Original-SVM	SMOTE-SVM	Random-SMOTE-SVM	AKN-Random-SMOTE-SVM
Banana	0. 5845	0. 6695	0. 7378	0. 8912
Haberman	0. 7560	0. 8205	0. 8451	0. 9727
Pima	0. 7491	0. 7716	0. 8189	0. 9718
Led	0. 8804	0. 9676	0. 9910	0. 9962
Wisconsin	0. 9433	0. 9731	0. 9799	0. 9989

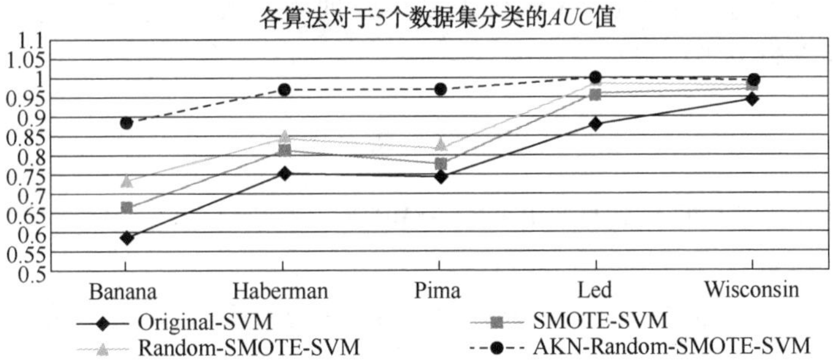

图 3-10　各算法对于 5 个数据集的 *AUC* 值对比图

3.5　本章小结

本章提出的 AKN-Random-SMOTE 改进算法是在样本选择策略的基础上对小

样本对象进行过采样，可以提高对非均衡数据的分类效果。该算法先对多数类样本进行聚类；然后基于中心距离比值法确定上述每个聚类中心点的最优 *K* 近邻数目，提取各聚类中心在少数类数据集合中距离其最近的 *K* 近邻，构成边界决策样本集，寻求可能会成为支持向量的边界决策样本；再将少数类中边界决策样本集中的对象作为父样本点，采用改进过采样算法——Random-SMOTE 生成新的实例，重构数据集以达到数据平衡的目的；为了进一步克服上述过采样算法可能带来的模糊边界问题，该算法在为少数类过采样之后，删除了边界重叠样本；最后利用 SVM 分类算法对 10 个非均衡数据集进行分类。针对这 10 个数据集，采用四种不同的数据处理方式对其进行处理，这四种不同的数据处理方式包括：不进行数据处理的原始数据，采用 SMOTE、Random-SMOTE 和 AKN-Random-SMOTE 三种过采样算法处理过的数据；然后基于 SVM 算法对其进行分类。本章将上述四种方法分别称作："Original-SVM""SMOTE-SVM""Random-SMOTE-SVM""AKN-Random-SMOTE-SVM"算法，最后选取少数类的 F-measure 值和整体样本集的 G-mean 值、ROC 曲线和 *AUC* 值作为评价指标。实验结果表明，本章提出的 AKN-Random-SMOTE-SVM 算法具有较好的分类效果和分类性能。

针对算法中的重要参数：每个簇中心的异类 *K* 近邻个数 *K*，本章提出的"基于中心距离比值的 *K* 近邻个数提取算法"，有效地解决了参数优化问题，提高了该算法的性能。

为了更深入研究非均衡数据的分类问题，今后的研究中可以综合数据层面和算法层面进一步的优化和改进，在使用 AKN-Random-SMOTE 算法重构数据集的同时，可以考虑进一步改进 SVM 分类模型或训练方式，使用综合策略实现非均衡数据集的高效分类。

参 考 文 献

[1] 董燕杰. 不平衡数据集分类的 Random-SMOTE 方法研究[D]. 大连：大连理工大学，2009：20-25.

[2] 林文芳. 面向非均衡工业数据的预测性维护模型研究[D]. 北京：北京邮电大学，2019：1-40.

[3] Yoon K，Kwek S. An unsupervised learning approach to resolving the data imbalanced issue in supervised learning problems in functional genomics[C]//Fifth International Conference on Hybrid Intelligent Systems(HIS'05). Piscataway：IEEE Press，2005：321.

[4] Vanhoeyveld J，Martens D. Imbalanced classification in sparse and large behaviour datasets[J]. Data Mining & Knowledge Discovery，2018，32(1)：1-58.

[5] Drummond C, Holte R C. Severe class imbalance: Why better algorithms aren't the answer [C]//Machine Leaning: ECML 2005. Berlin: Springer, 2005: 539-546.

[6] Lee H, Song J, Park D. Intrusion detection system based on multi-class SVM[C]//Rough Sets, Fuzzy Sets, Data Mining, and Granular computing. Berlin: Springer, 2005: 511-519.

[7] Brefeld U, Geibel P, Wysotzki R. Support vector machines with example dependent costs[C]// Machine Learning: ECML 2003. Berlin: Springer, 2003: 23-34.

[8] Mac Aodha O, Brostow G J. Revisting example dependent cost-sensitive learning with decision trees[C]//Computer Vision (ICCV), 2013 IEEE International Conferenceon. IEEE, 2013: 193-200.

[9] Xie J G, Qiu Z D. Fisher Linear Discriminant Model with Class Imbalance[J]. Journal of Beijing Jiaotong University, 2006, 30(5): 15-18.

[10] Ting K M. An empirical study of metacost using boosting algorithms[M]. Berlin: Springer, 2000: 34-41.

[11] Karagiannopoulos M G, Anyfantis D S, Kotsiantis S B, et al. Local cost sensitive learning for handling imbalanced data sets[C]// Control & Automation, 2007. MED'07. Mediterranean Conference on. IEEE, 2007: 1-6.

[12] Hansen L K, Salamon P. Neural Network ensembles[J]. IEEE transactions on pattern analysis and machine intelligence, 1990, 12(10): 993-1001.

[13] Schapire R E. The strength of weak learnability[J]. Machine learning, 1990, 5(2): 197-227.

[14] Freund Y, Schapire R E. A Decision-Theoretic Generalization of On-Line Learning and an Application to Boosting[C]//Computational learning theory. Berlin: Springer, 1995: 23-37.

[15] Breiman L. Bagging predictiors[J]. Machine learning, 1996, 24(2): 123-140.

[16] Schapire R E, Singer Y. BoosTexter: A Boosting-based System for Text Categorization[J]. Machine Learning, 2000, 39(2): 135-168.

[17] Ridgeway G. Looking for lumps: boosting and bagging for density estimation[J]. Computational Statistics & Data Analysis, 2002, 38(4): 379-392.

[18] Joshi, M. V., Kumar, V., Agarwal R. C. Evaluating Boosting Algorithms to Classify Rare Classes: Comparison and Improvements[C]// IEEE International Conference on Data Mining. IEEE, 2001: 257-264.

[19] 宋海燕. 基于集成学习的非均衡数据分类[D]. 西安: 西安电子科技大学, 2014: 1-20.

[20] 李勇, 刘战东, 张海军. 非均衡数据的集成分类算法综述[J]. 计算机应用研究, 2014, 31(5): 1287-1291.

[21] 欧阳震诤, 罗建书, 胡东敏, 等. 一种非均衡数据流集成分类模型[J]. 电子学报, 2010, 38(1): 184-189.

[22] Schapire R E. A short introduction to boosting[J]. Proceedings of the sixteenth International

Joint Conference on Artificial Intelligence，1999，14(4)：377-380.

[23] Chawla N V，Bowyer K W，Hall L O，et al. SMOTE：Synthetic Minority Over-sampling Technique[J]. Journal of Artificial Intelligence Research，2002，16(1)：321-357.

[24] He G X，Han H，Wang W Y. An Over-sampling Expert System for Learing from Imbalanced Data Sets[C]// International Conference on Neural Networks and Brain. New York：IEEE，2005：537-541.

[25] Han H，Wang W Y，Mao B H. Borderline-SMOTE：A New Over-Sampling Method in Imbalanced Data Sets Learning[J]. Advances in intelligent computing，2005，3644：878-887.

[26] 王春玉，苏宏业，等. 一种基于过抽样技术的非平衡数据集分类方法[J]. 计算机工程与应用，2011(1)：139-143.

[27] Piri S，Delen D，et al. A synthetic informative minority over-sampling(SIMO) algorithm leveraging support vector machine to enhance learning from imbalanced datasets[J]. Decision Support Systems，2018，106：15-29.

[28] Liu X Y，Wang S T，Zhang M L. Transfer synthetic over-sampling for class-imbalance learning with limited minority class data[J]. Frontiers of Computer Science，2018，13(5)：996-1009.

[29] 陈斌. SMOTE 非均衡数据过采样算法的改进与应用[D]. 南宁：广西大学，2015：1-58.

[30] Kubat M，Matwin S. Addressing the Curse of Imbalanced Training Sets：One Sided Selection [C]//Proceedings of the 14th International Conference on Machine Learning. 1997：179-186.

[31] 陆俊儒. 基于支持向量机的高维非均衡数据二分类方法的研究[D]. 哈尔滨：哈尔滨工业大学，2016：10-15.

[32] 陈景年，胡顺祥，徐力. 基于异类近邻的支持向量机加速算法[J]. 计算机工程，2018，44(5)：19-24

[33] 杨俊闯，赵超. K-Means 聚类算法研究综述[J]. 计算机工程与应用，2019，055(023)：7-14，63.

[34] 梁锦锦. 支持向量机和支持向量域描述的若干问题研究[D]. 西安：西安电子科技大学，2009：11-20.

4 基于 SVDD 的 FSVM 算法对于高噪声数据的分类研究

在石油、天然气泄漏检测系统中，由于站点周围环境的影响或者采集设备内部线路老化等因素，使得采集到的数据可能会含有较多噪声点或离群点。由于标准 SVM 对每一个样本点都是平等对待的，它不能有效地将高噪声数据的噪声点、离群点与其他样本点区分开来，同时，对分类贡献不同的样本点也不能被区别对待。针对标准 SVM 存在的上述问题，Lin 等于 2002 年在 SVM 的基础上提出了一个新的概念——模糊支持向量机(FSVM)[1]。

在构造分类器的过程中，FSVM 算法通过对不同的样本点(支持向量、非支持向量、噪声点和离群点)赋予不同权值的方法，对它们进行有效区分，而权值的赋予通过隶属度函数来实现[2]。这种按照分类贡献的大小分配其隶属度值的方法可以进一步提高分类器的泛化能力。在此基础上，Wang 等扩展了上述 FSVM 算法，他们通过基于样本属于正类或负类的可能，为每一个训练样本赋予了两个隶属度值，该方法的思路正是基于“模糊集”概念上的一个扩展[3]；Spyrou 等提出了另外一种算法，该算法基于 fuzzy-basis 函数构造了一种特殊的核函数[4]；Xie 等通过基于 SVM 的决策值来构造隶属度函数值[5]；Li 等为了降低异常值或噪声点对分类的影响，提出了一种基于环境模糊隶属度的模糊支持向量机，不仅考虑了附近相似样本的数量，而且考虑了附近样本的分布情况[6]；Sridevi 等利用 FCM 以及从低值和高值隶属度函数中提取最终隶属度来寻找隶属度值，并将其整合到 FSVM 模型中[7]；Batuwita 等提出了一种改进 CIL 算法的 FSVM 方法(FS-VM-CIL)，该方法可用于解决存在异常值和噪声的非均衡数据集分类问题[8]；而 Liu 针对 Batuwita 提出的 FSVM-CIL 算法对于带有边界噪声点的非均衡数据集分类的局限性，给出了一种新的距离测度和模糊函数——高斯模糊函数，该算法通过赋予边界噪声相对较小的模糊隶属度值来减少边界噪声对预估分离超平面位置的影响[9]。

以上的研究工作从不同的角度对 FSVM 算法做了改进。在此基础上，本章提出了一种基于 SVDD 的 FSVM 改进算法——IFSVM 算法。为了避免噪声点对分类精度的影响，该算法首先基于平均密度法检测到部分孤立点或噪声点并从数据集中将它们剔除，对数据集进行修剪；其次基于 SVDD 算法，提取了包含正类和负类两类样本的最小超球的球心；最后根据每个样本点与所在超球中心、与异类超球中心的距离以及两个超球球心的距离之间的比较，构造新的隶属度函数，目的就是强调支持向量对于分类学习机的决定性作用，同时削弱噪声点、离群点对分类器的影响，从而实现分类精度的提高。实验结果表明，该算法相对于传统的 SVM 算法、FSVM 算法、FSVM_lin 算法、FSVM_exp 算法，提高了分类器的抗噪能力，在分类精度方面有所改进和提高。

4.1 模糊支持向量分类机概述

在模糊集理论中，通过“隶属度函数”给任意一个元素 x 赋予函数 $A(x)$，其取值范围为(0, 1)，用以表示该元素属于 A 的程度的高低，其特点是评价结果不是绝对的“属于”或者“不属于”，而是以一个概率的形式给出。模糊支持向量机(FSVM)是基于 SVM 的扩充与改进，它的理论基础是映射优化以及模糊数学中的模糊集理论，通过设置隶属度函数对不同的样本赋予不同的隶属度值，从而进行训练学习的一种机器学习方法。它可以减少或消除噪声点、孤立点及离群点对分类器精度或者推广能力的干扰，是对标准 SVM 的一种改进和完善[10]。

FSVM 算法可以降低或削弱噪声点或离群点对分类器的影响，其原理是：通过赋予可能成为噪声点或者离群点的样本以较小的隶属度值，大大减弱这些样本对象对分类器的影响；同理，FSVM 算法也可以通过增大可能成为支持向量的样本点的隶属度值来加强它们对分类器的作用。性能较好的 FSVM 算法要客观、准确地反映样本数据客观存在的不确定性，通常情况下，往往通过样本点与类中心之间的欧式距离来进行这种判定。

相对于 SVM，FSVM 算法的核心和关键就是对隶属度函数的构造，不同的隶属度函数会使得算法的分类性能、分类精度有很大的不同。因此，构造合理的隶属度函数是 FSVM 算法的基础，也是针对 FSVM 算法进行优化与改进的主要工作之一。

设输入集合 S 中含有 l 个样本，每个样本 x_i 对应的隶属度为 s_i，它表明了该样本属于对应类别的权重。为每一个样本点赋予隶属度之后，输入样本集 S 会相应发生变化，成为新的样本集合 $S'=\{(x_1, y_1, s_1), (x_2, y_2, s_2), \cdots, (x_l, y_l, s_l)\}$，$x_i \in R^n$，$y_i \in \{1, -1\}$，$0<s_i \leqslant 1$。引入映射 φ：$R^n \to F$，可以解决非线

性分类问题，即通过该映射可以实现样本从原始特征空间 R^n 到高维特征空间 F 的变换，使得非线性不可分问题转变为线性可分或者近似线性可分问题。

FSVM 的分类模型等价于如下优化问题：

$$\min \frac{1}{2} \| w \|^2 + C\sum_{i=1}^{l} s_i\xi_i$$
$$s.t.\ y_i[w \cdot \varphi(x_i) + b] - 1 + \xi_i \geqslant 0 \tag{4-1}$$
$$\xi_i \geqslant 0,\ i = 1,\ \cdots,\ l$$

式中，隶属度 s_i 越大，表明对应的样本在分类中越重要，贡献越大；反之，一个较小的 s_i 可以减小参数 ξ_i 的影响，其对应的 x_i 就被视为不那么重要了。惩罚因子 C 通常为常数。

为了求解上述问题式(4-1)，利用 *Lagrange* 乘子法，得到以下函数：

$$L(w,\ b,\ \xi,\ \alpha) = \frac{1}{2} \| w \|^2 + C\sum_{i=1}^{l} s_i\xi_i - \sum_{i=1}^{l} \alpha_i\{y_i[w \cdot \varphi(x_i) + b] - 1 + \xi_i\} - \sum_{i=1}^{l} \beta_i\xi_i \tag{4-2}$$

式中，$\alpha_i>0$，$\beta_i>0$ 为 *Lagrange* 算子。令 L 对变量 w、b、ξ_i 的偏导数等于零，则：

$$\frac{\partial L(w,\ b,\ \xi,\ \alpha)}{\partial w} = w - \sum_{i=1}^{l} \alpha_i y_i \varphi(x_i) = 0 \tag{4-3}$$

$$\frac{\partial L(w,\ b,\ \xi,\ \alpha)}{\partial b} = - \sum_{i=1}^{l} \alpha_i y_i = 0 \tag{4-4}$$

$$\frac{\partial L(w,\ b,\ \xi,\ \alpha)}{\partial \xi_i} = s_i C - \alpha_i - \beta_i = 0 \tag{4-5}$$

将式(4-3)~式(4-5)式代入式(4-2)中，可得如下对偶规划问题：

$$\min_{\alpha} \frac{1}{2}\sum_{i=1}^{l}\sum_{j=1}^{l} \alpha_i\alpha_j y_i y_j K(x_i,\ x_j) - \sum_{i=1}^{l} \alpha_i$$
$$s.t.\ \sum_{i=1}^{l} \alpha_i y_i = 0 \tag{4-6}$$
$$0 \leqslant \alpha_i \leqslant s_i C,\ i = 1,\ 2,\ \cdots,\ l$$

式中，$K(x_i,\ x_j) = \varphi(x_i) \cdot \varphi(x_j)$ 为核函数。考虑 KKT 条件：

$$\alpha_i\{y_i[w \cdot \varphi(x_i) + b] - 1 + \xi_i\} = 0,\ i = 1,\ \cdots,\ l$$
$$(s_i C - \alpha_i)\xi_i = 0,\ i = 1,\ \cdots,\ l \tag{4-7}$$

最后得到决策函数：

$$f(x) = \operatorname{sgn}(w \cdot x + b) = \operatorname{sgn}\left(\sum_{i=1}^{l} \alpha_i y_i x_i \cdot x + b\right) \tag{4-8}$$

对应 $\alpha_i=0$ 的样本，是非支持向量；对应 $0<\alpha_i<s_iC$ 的样本为界上支持向量；对应 $\alpha_i=s_iC$ 的样本为界内支持向量。根据不同样本点对于分类作用的不同，为其分配不同的隶属度值。固定参数 C，若 s_i 的值越大，对应的样本 x_i 对以上述决策函数式(4-8)所起的作用就越大，被错误分类的概率越小；若 s_i 的值越小，样本 x_i 对决策函数式(4-8)的贡献就越小，被错误分类的概率越大。换个角度来说，如果把 C 看作错分代价，那么为每一个样本分配不同的错分代价值 s_iC，这样更重要的样本点就会被赋予更高的错分代价值，而更不重要的样本点就会被赋予较低的代价。通过这种方法，FSVM 算法可以找到一个鲁棒性更高的分类器，使得那些不那么重要的样本被赋予更低的损失代价。

综上所述，设置合适的隶属度函数值对于 FSVM 算法起着至关重要的作用。

4.2 基于平均密度的去噪算法描述

为了不采样到噪声点或离群点，可以利用噪声点或离群点和有效样本点具有较大差异的特性来对它们进行区分。因为噪声点和其他有效样本点在平均密度上具有明显差异，所以，采用平均密度算法来进行噪声点和离群点的检测，然后将它们从数据集中剔除。通过比较每个样本的邻域密度与总体平均密度的大小，将低密度区域中的对象剔除掉[11]。算法如下：

(1) 计算平均距离

设数据集 D 含有 n 个样本点，其中第 i 个和第 j 个样本对象映射到高维特征空间中，其距离记为 d_{ij}，有 $d_{ij}=\|\varphi(x_i)-\varphi(x_j)\|$。其中，$\varphi(x_i)$ 和 $\varphi(x_j)$ 分别为样本 x_i 和 x_j 经过函数 φ 映射到高维特征空间中对应的坐标值，从而可以得到距离矩阵：

$$DR=\begin{bmatrix} d_{11} & d_{12} & \cdots\cdots & d_{1n} \\ d_{21} & d_{22} & \cdots\cdots & d_{2n} \\ \vdots & \vdots & & \vdots \\ d_{n1} & d_{n2} & \cdots\cdots & d_{nn} \end{bmatrix} \tag{4-9}$$

所有样本点的平均距离为：

$$\bar{d} = \frac{\sum_{i=1}^{n-1} \sum_{j=i+1}^{n} d_{ij}}{C_n^2} \tag{4-10}$$

式中，C_n^2 为组合数。

（2）取球面半径

① 定义最大样本间距离：

$$d_{max}=\max(d_{ij})i，j=1，2，\cdots，n \tag{4-11}$$

② 取球面半径：

样本对象 x_i 的样本邻域是一个球形区域，该球形区域以 x_i 为球心，r 为半径。文献[12]表明当 $r=\sqrt{3}/2\cdot d_{max}$ 时，能有效覆盖样本点 x_i 邻域内的绝大多数样本点。

（3）计算总体平均密度

$$\bar{\rho}=\frac{n}{t\left(\frac{\sqrt{3}}{2}d_{max}\right)^m} \tag{4-12}$$

式中，n 为样本总个数，m 为样本维度，t 为常系数。

（4）计算单个样本 x_i 的邻域密度

$$\rho(x_i，r_i)=\frac{n_i}{\left(\frac{\sqrt{3}}{2}a\bar{d}\right)^m} \tag{4-13}$$

式中，n_i 为以样本 x_i 为中心，以某个指定的正数 r_i 为半径的圆域内所包含的样本点个数，a 为可调系数，取值为(0，1]，随着需要处理的数据量和数据集的维数而改变，m 为样本维度。

（5）找出噪声点并将其删除

将邻域密度 $\rho(x_i，r)$ 远小于平均密度 $\bar{\rho}$ 的样本点视为离群点或噪声点，利用 FSVM 算法进行数据分类之前先将它们剔除掉，通过对数据集的修剪以减少部分噪声点对样本数据分类精度的影响，提高分类精度和效率。

4.3 SVDD 算法描述

数据描述最开始的目的并不是为了区分不同的类，即完成数据分类；也不是为每个样本点产生相应的函数值用以近似代替其真实输出，它的初衷主要是为了给出一个关于输入数据集的描述，并能分辨出与其具有相似特性的样本，且该描述将能够代表具有此类相似特性的训练样本，同时尽可能地将异类样本排除在外。SVDD 被称为支持向量数据描述，它是一种重要的数据描述方法，该方法是以超球的形式覆盖数据集中具有代表性的数据并对其进行描述，可用于单类识别或者分类问题中，也可以用于异类点检测。在分类问题中，因为通常要对输入数据进行二类或者多类区分，所以，在使用 SVDD 算法的时候要分别对每一类别进行超球描述。

SVDD 是一种基于支持向量(边界向量)的数据描述方法，该方法寻求单个或数个超球或域，使得它们体积最小但却能包含绝大部分目标数据对象，在此基础上进行数据描述。SVDD 方法将具有相同特征的数据覆盖到同一个超球中，其边界函数是超球面(Hypersphere)，类似于 SVM 的处理方法，它也可以将原始空间的数据映射到高维特征空间中，该高维空间可以对数据进行更方便的超球描述，而且很有可能会减弱超球面所受到的限制。

SVDD 的主要思路是：首先，将样本点通过非线性映射实现从原始输入空间到高维特征空间的变换。其次，在目标特征空间中通过构造最优超球进行描述，尽可能地使该超球包含更多的被映射过来的初始样本点且体积最小。最后，进行检测：如果被映射过来的样本点落入高维特征空间中该超球体的内部，则认为该样本点属于该数据描述；否则，将落入超球外的样本点视为异类点。最优超球体最重要的两个属性是球心和半径。

本章提出的 IFSVM 算法正是基于 SVDD 方法，寻找将两类样本点分别包住的两个最小超球。在 SVDD 模型中，使用松弛变量 ξ_i 来控制超球的体积，进而控制噪声点对分类模型的影响。可以通过引入映射 φ：$R^n \to F$，将样本实现从输入空间到高维空间 F 的变换，优化问题描述如下：

$$\begin{aligned} & \min R^2 + C\sum_{i=1}^{n}\xi_i \\ & s.t.\ \|\varphi(x_i) - a\|^2 \leqslant R^2 + \xi_i \\ & \xi_i \geqslant 0,\ i = 1,\ \cdots,\ n \end{aligned} \tag{4-14}$$

式中，R 为最小超球半径，a 为球心，C 为惩罚因子。

由 *Lagrange* 乘子法得：

$$L(R,\ \alpha,\ \beta_i,\ \xi_i) = R^2 + C\sum_{i=1}^{n}\xi_i - \sum_{i=1}^{n}\beta_i\{R^2 + \xi_i - [K(x_i,\ x_i) - 2a\varphi(x_i) + a \cdot a]\} - \sum_{i=1}^{n}\gamma_i\xi_i \tag{4-15}$$

式中，β_i，γ_i 为乘子且 $\beta_i \geqslant 0$，$\gamma_i \geqslant 0$。$L(R,\ \alpha,\ \beta_i,\ \xi_i)$ 对 R，a，ξ_i 的偏导

数等于零，得：

$$\frac{\partial L}{\partial R}=0\Rightarrow\sum_{i=1}^{n}\beta_i=1$$
$$\frac{\partial L}{\partial a}=0\Rightarrow a=\sum_{i=1}^{n}\beta_i\varphi(x_i) \tag{4-16}$$
$$\frac{\partial L}{\partial \xi_i}=0\Rightarrow C-\beta_i-\gamma_i=0$$

将式(4-16)的三个式子代入式(4-15)，可得规划问题式(4-15)的对偶规划如下：

$$\min\sum_{i=1}^{n}\sum_{j=1}^{n}\beta_i\beta_jK(x_i, x_j)-\sum_{i=1}^{n}\beta_iK(x_i, x_i)$$
$$s.t.\ 0\leqslant\beta_i\leqslant C \tag{4-17}$$
$$\sum_{i=1}^{n}\beta_i=1,\ i=1, 2, \cdots, n$$

式中，核函数 $K(x_i, x_j)=\varphi(x_i)\cdot\varphi(x_j)$ 表示 $\varphi(x_i)$ 与 $\varphi(x_j)$ 的内积。

4.4 基于 SVDD 的 FSVM 改进算法(IFSVM)设计

4.4.1 隶属度函数描述

FSVM 原理为：构造隶属度函数，依据不同对象对分类模型的贡献和作用，设置不同的隶属度值，从而对不同的样本对象加以区别对待。这样，可能成为离群点和噪声点的样本就被赋予很小的权重，以此消除或降低它们对分类的影响，同时，给予对分类贡献更大的样本点以更大的权重。在公式(4-1)中，s_i 就代表了第 i 个样本的隶属度，表示了该样本对分类超平面的贡献程度的大小。隶属度函数的设置是 FSVM 算法的核心，常用的隶属度函数有以下几种：

(1) 基于距离的隶属度函数

如上所述，往往根据样本点对分类器或者所在类的贡献程度来确定隶属度值。所以，样本对象到类中心之间的距离常常作为确定隶属度值的依据之一。设 r 为类半径，$\bar{x}$ 为类中心，则：

$$r=\max_i\|x_i-\bar{x}\| \tag{4-18}$$

通常取隶属度函数：

$$s(x_i)=1-\frac{\| x_i-\bar{x} \|}{r}+\Delta \tag{4-19}$$

其中，为了避免出现 $s(x_i)=0$ 的情况，Δ 取很小的正数。

(2) 基于 S 型函数的隶属度函数

张翔等提出了新的 S 型隶属度函数，该函数是在由 Zadeh 定义的标准 S 型函数基础上进行了相应改进[12]，形式如下：

$$s(d_i, a, b, c)=\begin{cases}1, & d_i\leqslant a\\ 1-2[(d_i-a)/(c-a)]2, & a\leqslant d_i\leqslant b\\ 2[(d_i-c)/(c-a)]2, & b\leqslant d_i\leqslant c\end{cases} \tag{4-20}$$

式中，d_i 为样本 x_i 与自身类中心的距离；参数 $b=\frac{a+c}{2}$。尤其是当 $d_i=b$ 时，隶属度 $s=0.5$。

(3) 基于紧密度的隶属度函数

前面介绍的两种方法中，都是依据样本到类中心之间距离来确定的。但是对分类超平面起决定性作用的支持向量和噪声点往往都位于类边缘，如果对类中每个样本都按照同样的方式设置隶属度，就无法区分支持向量和噪声点，也就得不到最优分类面了。

如图 4-1 所示，(a)和(b)两种情况下，样本点 x 距类中心的距离都是一样的，但是在情况(a)中，样本点 x 与其他点的距离要远小于情况(b)中 x 与其他样本点的距离，所以，我们可以把(a)中的 x 看作有效样本点，把(b)中的样本点 x 看作噪声点，所以两者的隶属度显然是不一样的。由此可见，在某些情况下，仅仅依据距离来构造隶属度函数并不合理，需要将样本分布的紧密度考虑进去。

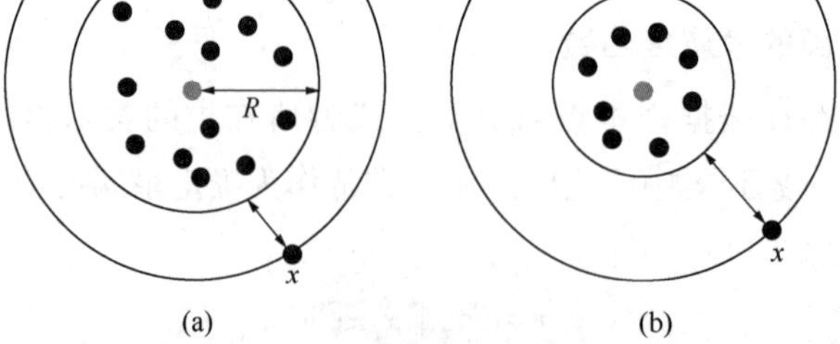

图 4-1　样本分布紧密度差别示意图

张翔等给出了基于紧密度的隶属度函数，公式如下：

$$s(x_i)=s_d(x_i)\cdot s_k(x_i,\bar{x}) \tag{4-21}$$

其中，①$s(x_i)$为样本x_i属于所在类的隶属度；

②$s_d(x_i)$反映了样本x_i到自身类中心之间的距离关系，参见公式(4-20)；

③$s_k(x_i,\bar{x})=\max\limits_{\rho(x_i,\bar{x})\in P(x_i,\bar{x})}\{\min[s_k(c_1,c_2),s_k(c_2,c_3),\cdots,s_k(c_{m-1},c_m)]\}$。

式中，$\rho(x_i,\bar{x})$为从x_i到$\bar{x}$的一条路径，$P(x_i,\bar{x})$为从x_i到$\bar{x}$所有路径的集合[12]。

4.4.2 隶属度函数优化与改进

(1) 两种经典的隶属度函数

由于实际数据集的复杂性，同一个隶属度函数并不适用于所有情况。对于不同的数据集以及不同的分类要求，应该选用不同的隶属度函数；同一个隶属度函数在不同的分类要求下具有不同的效果。现给出两种经典的 FSVM 隶属度函数：

① Lin 从不同角度提出了几个不同的模糊隶属度函数[1]，本节仅考虑其中基于距离的隶属度函数，该函数是根据样本点与其类中心之间距离设置的，公式如下：

$$s_{\mathrm{FSVM}}(x_i)=\begin{cases}1-\dfrac{\|x_+-x_i\|}{r_++\delta}, & y_i=1\\[2ex] 1-\dfrac{\|x_--x_i\|}{r_-+\delta}, & y_i=-1\end{cases} \tag{4-22}$$

式中，$s_{\mathrm{FSVM}}(x_i)$为第i个样本对象对应的隶属度值，取值范围为(0，1)。x_+为+1类的样本均值，x_-为-1类的样本均值。

令+1类的半径为r_+，则：

$$r_+=\max_{\{x_i:y=1\}}\|x_+-x_i\| \tag{4-23}$$

令-1类的半径为r_-，则：

$$r_-=\max_{\{x_i:y=-1\}}\|x_--x_i\| \tag{4-24}$$

式中，为了避免$s_{\mathrm{FSVM}}(x_i)=0$，设$\delta>0$。

② 对于非均衡数据集，Batuwita 提出了一种改进的 FSVM 算法，称为 FSVM-CIL 算法，该算法在代价敏感学习的原则下，既可以实现对非均衡数据集的分类，又可以有效减弱对异常值/噪声点的敏感[8]。该算法为样本点分配不同的隶属度值以反映它们对分类的不同贡献，即为不同的训练样本点赋予了不同错分代

价值 Cs_i，同时为了减少类别的不平衡性，该算法赋予少数类样本较高的隶属度值或者更高的错分代价值；为多数类分配较低的隶属度值或者较低的错分代价值。该算法的思想如下：

设 m_i^+ 和 m_i^- 分别表示正类样本点 x_i^+ 和负类样本点 x_i^- 的隶属度值；l^+ 和 l^- 分别表示正类和负类的样本个数。FSVM-CIL 算法的隶属函数定义如下：

$$\begin{aligned} m_i^+ &= f(x_i^+) \cdot r^+,\ (i=1,\ 2,\ \cdots,\ l^+) \\ m_i^- &= f(x_i^-) \cdot r^-,\ (i=1,\ 2,\ \cdots,\ l^-) \end{aligned} \tag{4-25}$$

式中，$f(x_i) \in (0,\ 1)$，反映了样本点 x_i 对于自身类的贡献；r^+ 和 r^- 为类间平衡系数，它们分别反映了正负两类样本的不平衡性。

一个正样本点的隶属度值取值范围：$m_i^+ \in [0,\ r^+]$，$(i=1,\ 2,\ \cdots,\ l^+)$，而一个负类样本点的隶属度值取值范围：$m_i^- \in [0,\ r^-]$，$(i=1,\ 2,\ \cdots,\ l^-)$。通过这种方式，FSVM-CIL 算法实现了上述两个目标，既处理了类间不平衡性问题，又降低了异常值点或者噪声点对分类器的干扰，提高了分类的精度。

由于本章暂时不考虑非均衡数据集分类问题，仅从降低离群点或噪声点影响的角度出发，赋予 $r^+=r^-=1$，即隶属度函数为：$m_i^+=f(x_i^+)$；$m_i^-=f(x_i^-)$。此外，由于本章需要将该 FSVM-CIL 算法与我们提出的 IFSVM 算法做比较，为了比较的一致性原则，均以样本点到自身所在类中心的欧氏距离为依据，因此，本章选取文献[8]所述的三种情况的第一种情形为例，且不考虑非平衡因素，提取 FSVM-CIL 算法的隶属度函数如下(正类样本)：

$$f_{lin}^{cen+}(x_i^+) = 1 - \frac{d_i^{cen+}}{\max(d_i^{cen+}) + \Delta} \tag{4-26}$$

$$f_{exp}^{cen+}(x_i^+) = \frac{2}{1+\exp(\beta d_i^{cen+})},\ \beta \in [0,\ 1] \tag{4-27}$$

式中，$d_i^{cen+} = \| x_i^+ - \bar{x}_+ \|$，$(i=1,\ 2,\ \cdots,\ l^+)$ 为正类样本点 x_i^+ 与自身类中心点 $\bar{x}_+$ 的欧氏距离。$f_{lin}^{cen+}(x_i^+)$ 为 d_i^{cen+} 的线性递减函数，为了避免 $f_{lin}^{cen+}(x_i^+)=0$，Δ 通常取很小的正数；$f_{exp}^{cen+}(x_i^+)$ 为 d_i^{cen+} 的指数递减函数，其中 β 为取值在区间[0，1]之间的衰减度。负类样本点的隶属度函数有类似的定义。隶属度函数式(4-26)和式(4-27)表明：离自身类中心越近的样本点对分类越重要，被赋予越高的隶属度值；反之，离自身类中心较远的样本点通常被认为是离群点或者噪声点，被赋予较低的隶属度值。

本章将采用隶属度函数式(4-26)和式(4-27)的两种 FSVM 算法分别称为 FSVM_lin 算法和 FSVM_exp 算法。在后面的内容中，将选用这两种算法和本章提出的改进算法 IFSVM 作比较。

(2) 上述隶属度函数局限性分析

在文献[1]和[8]中，隶属度函数式(4-22)，式(4-26)以及式(4-27)使得分类模型均取得了很好的分类效果，但是，不论从理论上还是从应用上，它们还有待于改进和完善。上述隶属度函数的局限性及改进措施如下：

① 对于文献[1]提出的隶属度函数式(4-22)以及文献[8]提出的隶属度函数式(4-26)和式(4-27)，它们均是根据每一个样本点和它所属类中心点的距离设置的，该距离与隶属度函数的值成反比。对于远离其类中心的噪声点或者离群点，其对应的隶属度函数值和该样本点与该类中心的距离确实成反比。然而，在支持向量机的学习中，分类超平面仅由支持向量决定，而位于两类边界上同时远离各自类中心的向量才有可能成为支持向量，所以，边界向量应该被赋予较高的隶属度函数值，反之，远离类中心点的非支持向量应该被赋予较低的隶属度。但是，从隶属度函数式(4-22)、式(4-26)以及式(4-27)的表达式中可以看出，尽管这些函数降低了噪声点或离群点的影响，但同时它们也降低了远离各自类中心的界内和界上支持向量对分类超平面的影响。所以，在构造隶属度函数的过程中，位于两类中心之间的边界向量，即使它们远离它们各自的类中心也应给予更高的重视。

② 上述公式(4-22)、式(4-26)以及式(4-27)中的 s_{FSVM}、f_{lin}^{cen} 以及 f_{exp}^{cen} 的值严重依赖于类中心，所以对于多密度中心或者非规则分布的数据集而言，它们未必适用。

(3) IFSVM 算法中隶属度函数的设置

综上所述，为了克服以上提到的隶属度函数的局限性，本章提出了改进的 FSVM 算法——IFSVM 算法。在该算法中，根据样本点对分类贡献程度的大小，以距离为依据，重新构造了隶属度函数。该算法强调了远离它们自身类中心点的边界向量对于分类超平面形成的重要性，并赋予它们更高的隶属度，以此克服公式(4-22)、式(4-26)以及式(4-27)的局限性。又因为该算法是基于 SVDD 的改进算法，所以它对类中心不会产生严重依赖，对于非规则分布的数据集具有更好的分类效果。

IFSVM 算法中，是以距离为依据，在充分考虑样本点对分类贡献大小的前提下设置隶属度函数的。以二分类为例，设使用 SVDD 算法得到的两个超球的球心分别为 a^+，a^-；半径分别为 r^+，r^-；$\varphi(x)$ 为映射函数；Dr^+ 为正类样本点，x_i^+ 经过映射之后到负类超球球心的距离，即 $Dr^+ = \| \varphi(x_i^+) - a^- \|$；$Dr^-$ 为负类样本点，

x_i^- 经映射之后到正类超球球心的距离，即 $Dr^- = \| \varphi(x_i^-) - a^+ \|$；设 Dr 为两个超球球心的距离，即 $Dr = \| a^+ - a^- \|$；此外，设 d_{i+} 为 $\varphi(x_i^+)$ 到正类超球球心 a^+ 的距离，d_{i-} 为 $\varphi(x_i^-)$ 到负类超球球心 a^- 的距离。

① 基于高维特征空间中距离的计算

为了更好地区分样本点到自身超球球心、异类超球球心以及两个超球球心之间的距离，将样本点及超球球心投影到高维空间中计算距离，往往会得到更好的效果。

a. 由公式(4-16)求出超球球心：

$$
\begin{aligned}
a^+ &= \sum_{i=1}^{n} \alpha_i \varphi(x_i^+) \\
a^- &= \sum_{i=1}^{m} \beta_i \varphi(x_i^-)
\end{aligned}
\tag{4-28}
$$

b. Dr 的计算：

$$
\begin{aligned}
Dr &= \| a^+ - a^- \| = \left\{ \left[\sum_{i=1}^{n} \alpha_i \varphi(x_i^+) - \sum_{i=1}^{m} \beta_i \varphi(x_i^-) \right]^2 \right\}^{\frac{1}{2}} \\
&= \left[\sum_{i=1}^{n} \alpha_i \varphi(x_i^+) \sum_{j=1}^{n} \alpha_j \varphi(x_j^+) - 2 \sum_{i=1}^{n} \alpha_i \varphi(x_i^+) \sum_{j=1}^{m} \beta_j \varphi(x_j^-) + \sum_{i=1}^{m} \beta_i \varphi(x_i^-) \sum_{j=1}^{m} \beta_j \varphi(x_j^-) \right]^{\frac{1}{2}} \\
&= \left[\sum_{i,\ j=1}^{n} \alpha_i \alpha_j \varphi(x_i^+) \varphi(x_j^+) - 2 \sum_{i=1}^{n} \sum_{j=1}^{m} \alpha_i \beta_j \varphi(x_i^+) \varphi(x_j^-) + \sum_{i,\ j=1}^{m} \beta_i \beta_j \varphi(x_i^-) \varphi(x_j^-) \right]^{\frac{1}{2}} \\
&= \left[\sum_{i,\ j=1}^{n} \alpha_i \alpha_j K(x_i^+,\ x_j^+) - 2 \sum_{i=1}^{n} \sum_{j=1}^{m} \alpha_i \beta_j K(x_i^+,\ x_j^-) + \sum_{i,\ j=1}^{m} \beta_i \beta_j K(x_i^-,\ x_j^-) \right]^{\frac{1}{2}}
\end{aligned}
\tag{4-29}
$$

c. Dr^+ 和 Dr^- 的计算：

$$
\begin{aligned}
Dr^+ &= \| \varphi(x_i^+) - a^- \| = \left\{ \left[\varphi(x_i^+) - \sum_{i=1}^{m} \beta_i \varphi(x_i^-) \right]^2 \right\}^{\frac{1}{2}} \\
&= \left[\varphi(x_i^+) \cdot \varphi(x_i^+) - 2 \sum_{j=1}^{m} \beta_j \varphi(x_j^-) \cdot \varphi(x_i^+) + \sum_{i,\ j=1}^{m} \beta_i \beta_j \varphi(x_i^-) \cdot \varphi(x_j^-) \right]^{\frac{1}{2}} \\
&= \left[K(x_i^+,\ x_i^+) - 2 \sum_{j=1}^{m} \beta_j K(x_i^+,\ x_j^-) + \sum_{i,\ j=1}^{m} \beta_i \beta_j K(x_i^-,\ x_j^-) \right]^{\frac{1}{2}}
\end{aligned}
\tag{4-30}
$$

同理得到：

$$Dr^- = \| \varphi(x_j^-) - a^+ \| = \left[K(x_j^-, x_j^-) - 2\sum_{i=1}^{n} \alpha_i K(x_i^+, x_j^-) + \sum_{i,j=1}^{n} \alpha_i \alpha_j K(x_i^+, x_j^+) \right]^{\frac{1}{2}} \tag{4-31}$$

d. d_{i+}和 d_{i-}的计算：

$$\begin{aligned} d_{i+} &= \| \varphi(x_i^+) - a^+ \| = \left\{ \left[\varphi(x_i^+) - \sum_{i=1}^{n} \alpha_i \varphi(x_i^+) \right]^2 \right\}^{\frac{1}{2}} \\ &= \left[\varphi(x_i^+) \cdot \varphi(x_i^+) - 2\sum_{i=1}^{n} \alpha_i \varphi(x_i^+) \cdot \varphi(x_i^+) + \sum_{i,j=1}^{n} \alpha_i \alpha_j \varphi(x_i^+) \cdot \varphi(x_j^+) \right]^{\frac{1}{2}} \\ &= \left[K(x_i^+, x_i^+) - 2\sum_{i=1}^{n} \alpha_i K(x_i^+, x_i^+) + \sum_{i,j=1}^{n} \alpha_i \alpha_j K(x_i^+, x_j^+) \right]^{\frac{1}{2}} \end{aligned} \tag{4-32}$$

同理得到：

$$d_{i-} = \| \varphi(x_i^-) - a^- \| = \left[K(x_j^-, x_j^-) - 2\sum_{j=1}^{m} \beta_j K(x_j^-, x_j^-) + \sum_{i,j=1}^{m} \beta_i \beta_j K(x_i^-, x_j^-) \right]^{\frac{1}{2}} \tag{4-33}$$

② 隶属度与距离的关系

如图 4-2 所示，以位于正类超球的样本点 x_i^+ 为例，分以下几种情况讨论样本点对于分类的重要性(负类样本点具有类似的性质)：

a. 设图 4-2 中位于阴影区域的正样本点集合为 S_1，当样本点 $x_i^+ \in S_1$ 时，满足条件：$Dr^+ \leqslant Dr$。此时，样本 x_i^+ 距离它所在超球球心越近，也就意味着距离异类超球球心越远，同时距离最优超平面也就越远，样本对分类超平面的影响反而越小，应赋予较低的隶属度；相反，阴影区域中的样本距离自身所在超球球心越远，也就是距离异类超球球心越近，同时距离最优超平面也就越近，应赋予较高的隶属度。换句话说，此时样本点 x_i^+ 的隶属度值与其到正类超球球心 a^+的距离 d_{i+}成正比。

b. 设位于非阴影区域内的正样本点集合为 S_2，当样本点 $x_i^+ \in S_2$ 时，满足 $Dr \leqslant Dr^+ \leqslant Dr+r^+$，此时，离负类超球球心 a^-越远意味着离正类超球球心 a^+也就越远的样本点 x_i^+ 成为支持向量的可能性就越小，应给予它较小的隶属度。也就是说，此时样本点 x_i^+ 的隶属度值与其到正类超球球心 a^+ 的距离 d_{i+} 成反比。

c. 对于全部正类样本点而言：位于阴影区域的数据对象即集合 S_1 中的样本点，对于分类器的训练起着重要作用，它们的隶属度值应大于 0.5；非阴影区域的样本点即集合 S_2 中的样本点，对分类器的训练作用较小，因此其隶属度值应小于 0.5；位于超球以外的正类样本点，很可能属于噪声点或离群点，将赋予非常小的隶属度函数值。

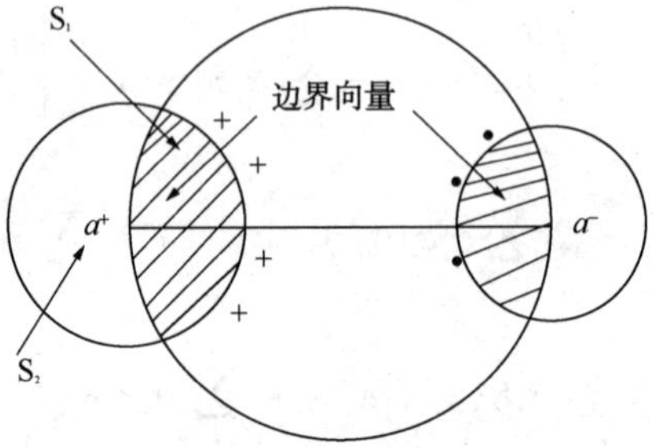

图 4-2　边界向量提取示意图

③ 隶属度函数设置

隶属度函数构造如下：

$$s_{\mathrm{IFSVM}}^{+}(x_i)=\begin{cases}1-\dfrac{1}{1+\exp(\beta d_{i+})}, & y_i=1,\ x_i\in C^+ \text{且}\ Dr^+\leqslant Dr\\ 0.5\times\dfrac{r^+-d_{i+}}{r^+}, & y_i=1,\ x_i\in C^+ \text{且}\ Dr\leqslant Dr^+\leqslant Dr+r^+\\ \delta, & y_i=1,\ x_i\notin C^+ \text{且}\ Dr^+\leqslant Dr\\ 0, & y_i=1,\ x_i\notin C^+ \text{且}\ Dr^+>Dr\end{cases}\tag{4-34}$$

$$s_{\mathrm{IFSVM}}^{-}(x_i)=\begin{cases}1-\dfrac{1}{1+\exp(\beta d_{i-})}, & y_i=-1,\ x_i=C^- \text{且}\ Dr^-\leqslant Dr\\ 0.5\times\dfrac{r^--d_{i-}}{r^-}, & y_i=-1,\ x_i=C^- \text{且}\ Dr\leqslant Dr^-<Dr+r^-\\ \delta, & y_i=-1,\ x_i\notin C^- \text{且}\ Dr^-\leqslant Dr\\ 0, & y_i=-1,\ x_i\notin C^- \text{且}\ Dr^->Dr\end{cases}\tag{4-35}$$

式中，C^+，C^-分别表示落入正负两个超球的样本点集合；r^+，r^-分别为正负两个超球的半径；$\beta\in[0,1]$；d_{i+} 为 $\varphi(x_i^+)$ 到正类超球球心 a^+ 的距离，d_{i-} 为 $\varphi(x_i^-)$ 到负类超球球心 a^- 的距离；$\varphi(x_i^+)$ 为正类样本点 x_i^+ 映射到高维特征空间 F

的像，$\varphi(x_i^-)$为负类样本点x_i^-映射到高维特征空间F的像；$Dr=\|a^+-a^-\|$为两个超球球心映射到空间F中的距离；$Dr^+=\|\varphi(x_i^+)-a^-\|$为空间$F$中$\varphi(x_i^+)$到负类超球球心$a^-$之间的距离；$Dr^-=\|\varphi(x_i^-)-a^+\|$为空间$F$中$\varphi(x_i^-)$到正类超球球心$a^+$之间的距离；$\delta$是一个很小的正数。

图4-3为IFSVM算法中取$\beta=1$，$\delta=0.05$时的隶属度函数曲线图。其中，r为超球半径，原点表示超球球心位置。对于正类样本点来说，当$x>0$时，横坐标值(即x值)表示阴影区域内的样本点对应的d_{i+}值；当$x<0$时，横坐标值(即x值)表示非阴影区域内的样本点对应的d_{i+}值的相反数。对于负类样本点来说，结论类似。

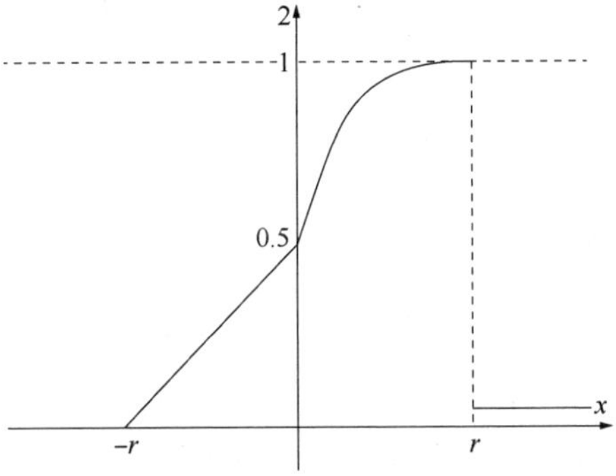

图4-3　隶属度函数曲线图

4.4.3　IFSVM算法步骤

SVM最优分类超平面完全由支持向量确定，因此，寻求可能成为支持向量的样本，从而构建决策样本集是优化分类超平面的关键所在。而我们知道，边界向量不一定能够成为支持向量，但是支持向量一定在边界上。所以，远离两个超球球心且位于两类边界上的向量最有可能成为支持向量，对分类的贡献也就越大。为此，对于图4-2中位于阴影区域内的样本点被赋予较高的隶属度；那些位于超球内但不在阴影区域内的样本点是远离最优分类面的样本点，则赋予它们较小的隶属度。由SVDD算法原理，设

$$C^+=\{x_i^+\mid x_i^+\in S,\ \text{且}\ \|\varphi(x_i^+)-a^+\|\leqslant r^+\}$$
$$C^-=\{x_i^-\mid x_i^-\in S,\ \text{且}\ \|\varphi(x_i^-)-a^-\|\leqslant r^-\} \tag{4-36}$$

式中，C^+，C^-分别为两个最小超球所包含的正、负样本点集合，$\varphi(x)$为映射函数。又设两个最小超球的球心分别为a^+，a^-，半径分别为r^+，r^-。

IFSVM 算法如下：

Step1. 首先利用 4.3 节提出的“基于平均密度的去噪算法”，去除部分噪声点和离群点，进行数据集的修剪。

Step2. 利用 SVDD 算法，构造两个分别包含正类样本和负类样本的最小超球，利用公式(4-16)计算特征空间中两个最小超球的球心 a^+，a^-。

Step3. 在高维特征空间 F 上，计算两个超球球心之间的距离 $Dr=\|a^+-a^-\|$。

Step4. 在高维特征空间 F 上，计算 $\varphi(x_i^+)$ 和负类超球球心 a^- 的距离 $Dr^+=\|\varphi(x_i^+)-a^-\|$；计算 $\varphi(x_i^-)$ 和正类超球球心 a^+ 的距离 $Dr^-=\|\varphi(x_i^-)-a^+\|$。

Step5. 由公式(4-34)，根据 Dr^+ 与 Dr、$Dr+r^+$ 之间的关系来确定正类各个样本点的隶属度；同理，由公式(4-35)，根据 Dr^- 与 Dr、$Dr+r^-$ 之间的关系来确定负类各个样本点的隶属度。

Step6. 将上述隶属度值代入模型式(4-1)，实现数据分类。

4.5 数值实验及结果

分别选择 UCI 数据集中的数据集：Wine、Breast-cancer Wisconsin、Abalone、Eye、Cloud、German credit(简称 German)作为测试数据集，将 IFSVM 算法与传统 SVM 算法及 4.5.2 节提到的 FSVM 算法[1]、FSVM_lin 算法[8]、FSVM_exp 算法[8]的分类精度进行了比较；选择高斯径向基函数 RBF 作为核函数；为了尽可能获得相对稳定的实验结果，提高参数优化对分类效果的正面影响，本实验对参数 C 和 RBF 函数中的参数 g[C 为 SVM 分类模型中的惩罚因子；g 为公式(2-75) RBF 核函数中的参数 σ]进行优化，选用五折交叉验证方法对参数 C 和 g 进行选择，避免因为主观原因使得参数设置对分类结果产生较大影响，进一步提高分类效果；此外，设置公式(4-34)和式(4-35)中的参数值：$\beta=1$。各个参数的取值范围见表 4-1。

表 4-1　IFSVM 算法的参数设置

C	g	C 的步长	g 的步长
[-8, 8]	[-8, 8]	1	0.5

为了更加直观地展示几种不同算法的分类效果，在不失一般性的前提下，首先给出人工模拟生成的某二维数据集的分布图，如图 4-4(a)所示，用符号“+”和“×”分别表示两类样本点；然后分别使用 SVM 算法、FSVM 算法、FSVM_exp 算法、FSVM_lin 算法以及本章提出的改进 FSVM 算法——IFSVM 算法对上述二

维数据进行分类，图 4-4 显示了上述分类的示意图以及分类精度，可以看出，IFSVM 算法对于该二维数据集具有更高的分类精度和较好的分类性能。

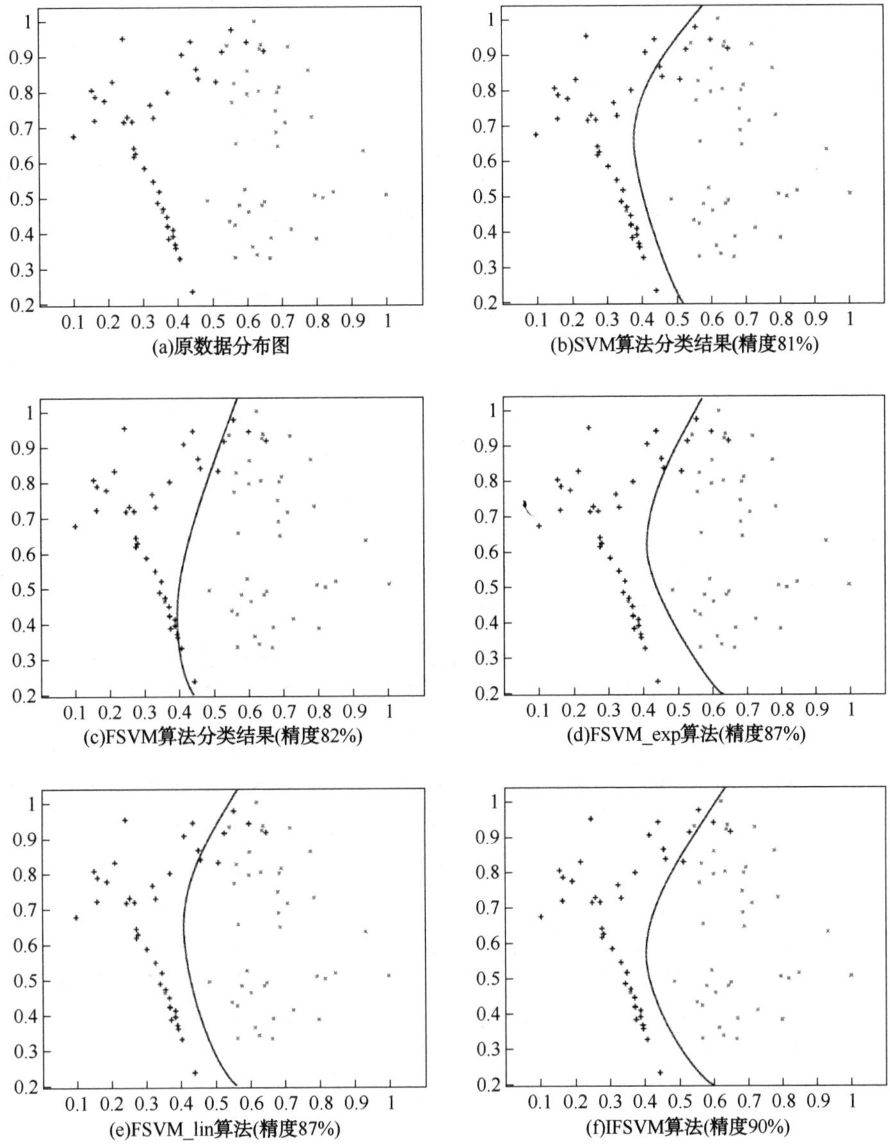

图 4-4　各个算法对某二维数据分类示意图

在此基础上，我们选择了上述五种算法来完成对 6 个不同高维数据集分类精度的测试，对每个数据集进行 9 次测试，最后取平均值。表 4-2～表 4-7 分别显示了对上述数据集进行 9 次测试的分类精度。

表 4-2　五种不同算法对数据集 Wine 的分类精度

算法	训练样本/测试样本	1	2	3	4	5	6	7	8	9
SVM	158/18	0. 833	0. 889	0. 889	0. 500	1. 000	0. 944	0. 722	1. 000	0. 944
FSVM	158/18	0. 722	0. 556	0. 833	0. 944	0. 500	0. 889	0. 889	0. 889	0. 778
FSVM_exp	158/18	0. 833	0. 798	0. 889	0. 890	0. 889	0. 865	0. 944	0. 950	0. 944
FSVM_lin	158/18	0. 833	0. 889	0. 500	0. 944	1. 000	0. 778	0. 500	1. 000	0. 944
IFSVM	158/18	0. 833	0. 879	0. 706	0. 902	0. 944	0. 945	0. 905	0. 972	0. 924

表 4-3　五种不同算法对数据集 Breast-cancer Wisconsin 的分类精度

算法	训练样本/测试样本	1	2	3	4	5	6	7	8	9
SVM	783/83	0. 964	0. 97	0. 963	0. 965	0. 963	0. 962	0. 965	0. 958	0. 973
FSVM	783/83	0. 938	0. 976	0. 952	0. 938	0. 976	0. 963	0. 966	0. 945	0. 970
FSVM_exp	783/83	0. 976	0. 964	0. 965	0. 968	0. 975	0. 976	0. 967	0. 978	0. 975
FSVM_lin	783/83	0. 964	0. 976	0. 963	0. 975	0. 961	0. 963	0. 975	0. 959	0. 964
IFSVM	783/83	0. 976	0. 976	0. 970	0. 967	0. 968	0. 978	0. 976	0. 975	0. 976

表 4-4　五种不同算法对数据集 Abalone 的分类精度

算法	训练样本/测试样本	1	2	3	4	5	6	7	8	9
SVM	878/158	0. 902	0. 887	0. 868	0. 812	0. 887	0. 823	0. 867	0. 882	0. 886
FSVM	878/158	0. 862	0. 881	0. 862	0. 862	0. 860	0. 861	0. 886	0. 883	0. 862
FSVM_exp	878/158	0. 881	0. 868	0. 862	0. 887	0. 860	0. 820	0. 880	0. 862	0. 880
FSVM_lin	878/158	0. 868	0. 874	0. 554	0. 843	0. 86	0. 867	0. 843	0. 860	0. 845
IFSVM	878/158	0. 881	0. 862	0. 882	0. 862	0. 863	0. 886	0. 860	0. 883	0. 885

表 4-5　五种不同算法对数据集 Eye 的分类精度

算法	训练样本/测试样本	1	2	3	4	5	6	7	8	9
SVM	800/100	0. 982	0. 948	0. 985	0. 981	0. 980	0. 990	0. 972	0. 993	0. 980
FSVM	800/100	0. 930	0. 962	0. 952	0. 935	0. 932	0. 961	0. 952	0. 943	0. 930
FSVM_exp	800/100	0. 920	0. 970	0. 962	0. 935	0. 930	0. 943	0. 923	0. 943	0. 951
FSVM_lin	800/100	0. 932	0. 971	0. 964	0. 942	0. 93	0. 970	0. 945	0. 960	0. 934
IFSVM	800/100	0. 948	0. 958	0. 958	0. 947	0. 956	0. 947	0. 979	0. 956	0. 979

表 4-6　五种不同算法对数据集 Cloud 的分类精度

算法	训练样本/测试样本	1	2	3	4	5	6	7	8	9
SVM	900/100	0. 902	0. 898	0. 885	0. 870	0. 890	0. 920	0. 900	0. 867	0. 930
FSVM	900/100	0. 930	0. 870	0. 910	0. 912	0. 872	0. 960	0. 952	0. 913	0. 890
FSVM_exp	900/100	0. 935	0. 875	0. 925	0. 900	0. 920	0. 953	0. 923	0. 876	0. 905
FSVM_lin	900/100	0. 942	0. 910	0. 894	0. 942	0. 876	0. 912	0. 925	0. 879	0. 914
IFSVM	900/100	0. 958	0. 935	0. 890	0. 950	0. 890	0. 953	0. 960	0. 895	0. 923

表 4-7　五种不同算法对数据集 German 的分类精度

算法	训练样本/测试样本	1	2	3	4	5	6	7	8	9
SVM	900/100	0. 862	0. 898	0. 854	0. 795	0. 845	0. 840	0. 865	0. 880	0. 835
FSVM	900/100	0. 890	0. 870	0. 900	0. 812	0. 852	0. 856	0. 826	0. 890	0. 910
FSVM_exp	900/100	0. 921	0. 875	0. 900	0. 830	0. 863	0. 853	0. 890	0. 890	0. 905
FSVM_lin	900/100	0. 825	0. 840	0. 895	0. 910	0. 846	0. 880	0. 905	0. 870	0. 910
IFSVM	900/100	0. 870	0. 915	0. 878	0. 890	0. 925	0. 923	0. 860	0. 875	0. 873

表 4-8 给出了其平均分类精度。从表 4-8 可以看出，相对于其他算法，IFSVM 算法对实验数据具有更高的分类精度。对于数据集 Eye，虽然 IFSVM 算法的分类精度不是最高的，但是稳定性很好。

表 4-8　五种不同的分类算法对各个数据集的平均分类精度

	Wine	Breast-cancer Wisconsin	Abalone	Eye	Cloud	German
SVM	0. 858	0. 965	0. 868	0. 979	0. 896	0. 853
FSVM	0. 778	0. 958	0. 869	0. 944	0. 912	0. 867
FSVM_exp	0. 889	0. 972	0. 867	0. 942	0. 912	0. 881
FSVM_lin	0. 821	0. 967	0. 824	0. 950	0. 910	0. 876
IFSVM	0. 890	0. 974	0. 874	0. 959	0. 928	0. 890

图 4-5(a)~(f)分别给出了五种算法对上述 6 个不同数据集在 9 次实验中的分类精度折线图。从图中可以看出，相对于其他四种算法，本章提出的 IFSVM 算法具有较好的稳定性和较高的分类精度。图 4-6 直观显示了上述五种算法对 6

个数据集分类精度均值的柱状图，该图中纵坐标表示分类精度，对于每一个数据集从左至右不同的柱形表示不同的分类算法。

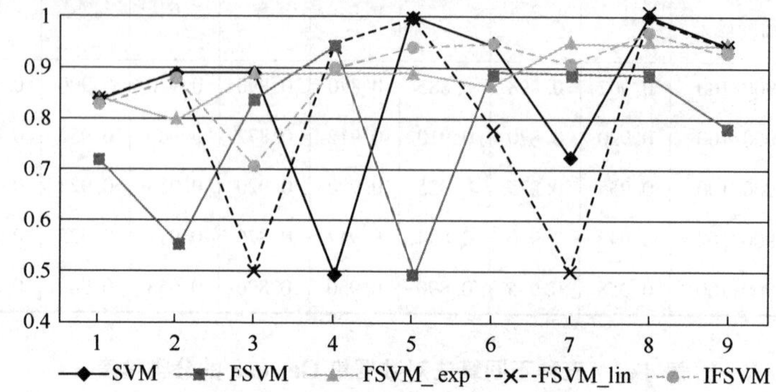

(a)五种不同算法对数据集Wine的分类精度

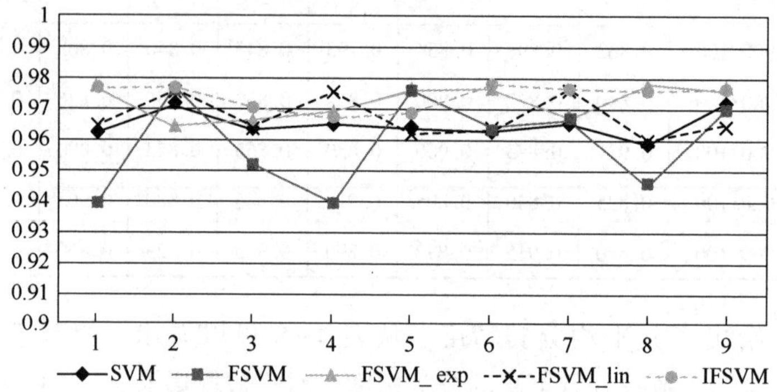

(b)五种不同算法对数据集Breast-cancer Wisconsin的分类精度

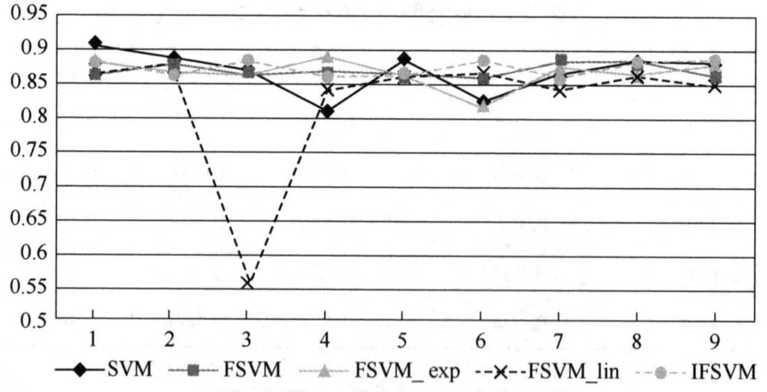

(c)五种不同算法对数据集Abalone的分类精度

图 4-5　五种不同分类算法对各个数据集的分类精度

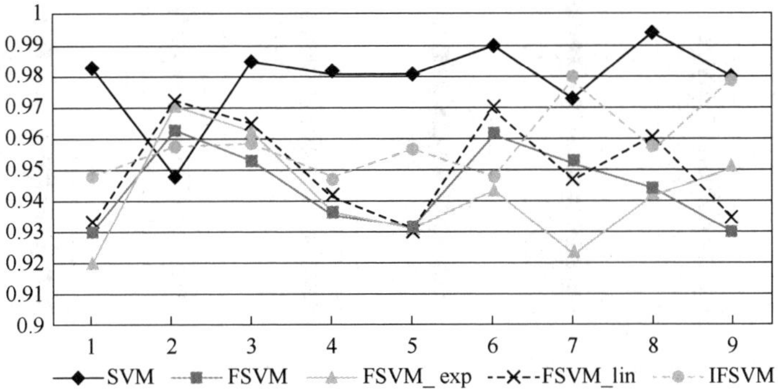

(d)五种不同算法对数据集Eye的分类精度

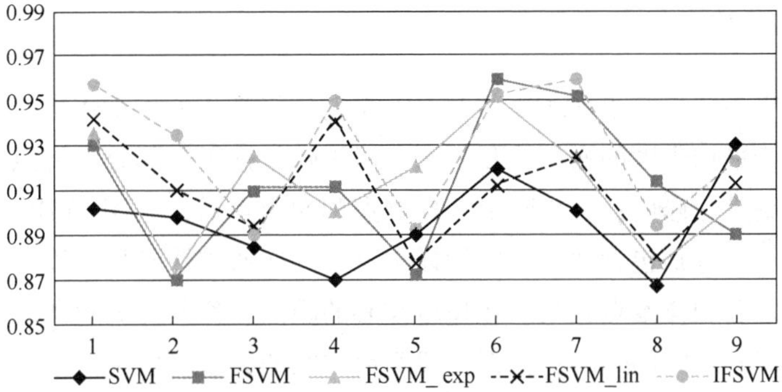

(e)五种不同算法对数据集Cloud的分类精度

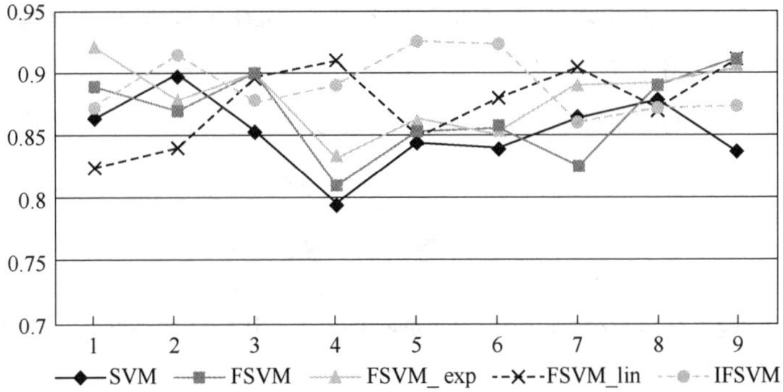

(f)五种不同算法对数据集German的分类精度

图 4-5　五种不同分类算法对各个数据集的分类精度(续)

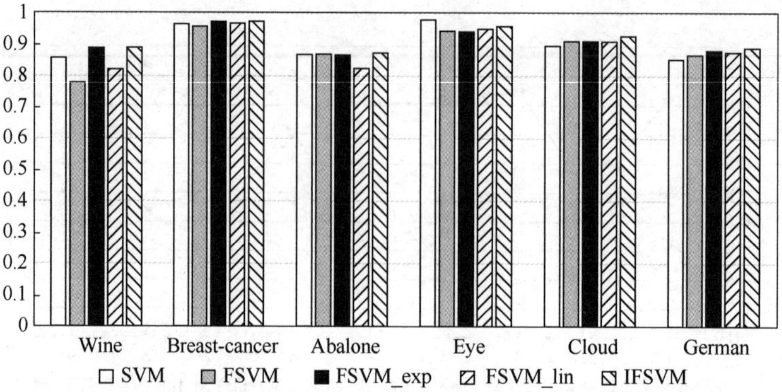

图 4-6　五种算法对 6 个数据集分类精度均值比较

4.6　本章小结

本章提出了一种基于 SVDD 的 FSVM 改进分类算法——IFSVM 算法。该算法首先采用基于平均密度的噪声检测方法，以消除数据集中部分离群点和噪声的干扰，对数据集进行修剪；在剔除部分离群点和噪声点后，利用 SVDD 算法构造了两个最优超球，分别包含两类不同的样本点。其次通过核函数计算在高维特征空间中，映射之后的样本点到其所在超球球心的距离、到其异类超球球心的距离以及两个超球球心之间的距离；根据上述距离之间的关系，确定每个样本点的隶属度函数值。最后实现了基于 IFSVM 算法的数据分类。

该算法中隶属度函数的构造，体现了不同样本对分类的不同重要性，对有可能成为支持向量的边界样本给予了充分的重视，弥补了现存的某些算法的不足之处。改进后的 IFSVM 算法降低了干扰噪声和离群点对分类的影响，加强了支持向量对分类超平面的决定性作用，在一定程度上提高了分类的泛化能力和分类精度。

参　考　文　献

[1] Lin C F, Wang S D. Fuzzy support vector machines[J]. IEEE transactions on neural networks, 2002, 13(2): 464-471.

[2] Tao X M, Xu J, Du B X, et al. A FSVM based on affinity and its application in bearing fault detection[J]. Journal of Vibration Engineering, 2009, 22(4): 418-424.

[3] Wang Y Q, Wang S Y, Lai K K. A new fuzzy support vector machine to evaluate credit risk[J]. IEEE Transactions on Fuzzy Systems, 2006, 13(6): 820-831.

[4] Spyrou E, Stamou G, Avrithis Y, et al. Fuzzy support vector machines for image classification fusing MPEG - 7 visual descriptors [C]. 15th International Conference on Artificial Neural Networks(ICANN 2005). Berlin: Springer Press, 2005: 847-852.

[5] Xie Z X, Hu Q H, Yu D R. Fuzzy Output Support Vector Machines for Classification[C]. Advances in Natural Computation, First International Conference, 2005: 1190-1197.

[6] Li B, Liang Y L, Cheng W. A fuzzy support vector machine based on environmental membership and its application to motor fault classification[J]. Journal of vibration and control, 2018, 24 (23): 5681-5692.

[7] Sridevi P. Identification of suitable membership and kernel function for FCM based FSVM classifier model[J]. Cluster Computing-the Journal of Networks Software Tools and Applications, 2019, 22(5): 11965-11974.

[8] Batuwita R, Palade V. FSVM - CIL: Fuzzy Support Vector Machines for Class Imbalance Learning[J]. IEEE Transactions on Fuzzy Systems, 2010, 18(3): 558-571.

[9] Liu J. Fuzzy support vector machine for imbalanced data with borderline noise[J]. Fuzzy Sets and Systems, 2020.

[10] Chiang J H, Hao P Y. A new kernel-based fuzzy clustering approach: support vector clustering with cell growing[J]. IEEE Transactions on Fuzzy Systems, 2003, 11(4): 518-527.

[11] 朱东阳，沈静逸，黄炜平，等. 基于主动学习和加权支持向量机的工业故障识别[J]. 浙江大学学报，2017，4(51)：699-700.

[12] 施化吉，周书勇，李星毅，等. 基于平均密度的孤立点检测研究[J]. 电子科技大学学报，2007，6(36)：1287-1288.

5 基于平衡二叉决策树的 SVM 多分类算法研究

在石油、天然气运输系统中，有时会根据泄漏的不同等级提出不同的抢修措施和维修方案，这就需要对泄漏数据实现多分类，从而确定泄漏等级。对于这种多分类问题，标准 SVM 分类算法没有办法直接解决，因此，基于 SVM 的多分类研究对于 SVM 分类理论可以进行有效的补充与扩展，与此同时，还可以广泛应用于故障诊断决策中，具有非常重要的现实意义。

基于 SVM 的多分类算法分为直接法和间接法，其中，间接法就是通过集成多个二分类器来实现数据的多分类，是最常用的多分类方法。在基于 SVM 的多分类算法中，二叉决策树算法因其原理简单、易于实现、不会出现不可分情况，成为最常用的多分类算法之一，但是该方法常常会出现“误差累计”现象。为了克服上述缺陷，很多学者做了大量的研究工作，如本书第 1 章提到的众多学者从不同角度开展了基于决策树的 SVM 多分类改进算法，其目的就是构造合理的分离性测度或者合理的决策树结构，将差别大的类尽早分开，从而有效避免“误差累积”[1-8]。

本章提出了基于平衡二叉决策树的改进多分类算法，称为 IBDT-SVM 算法。该算法除了考虑传统类间分离性测度中“类间距离”和“类方差”对于类间分离性的影响，还将“类间方差”考虑进去，提出新的“类间分离性测度”；以此为依据，首先将类间分离性测度最大的两个类找到，进行分类器的训练和学习，然后，根据 Class-grouping-by-majority 原则将其他类分别向这两类靠拢，合并为正类数据样本和负类数据样本再次训练 SVM 分类器。对于分布不均匀或者分布稀疏的数据样本，该方法可以避免由最短中心距离归类法带来的误差，最大限度地克服传统二叉决策树存在的“误差累积”问题，从而得到更优的分类器。按照上述算法遍历决策树的每一层节点，直到输出的分类结果为单类标签为止。实验证明，本章提出的 IBDT-SVM 算法对于多分类问题可以表现出较好的分类精度和分类效果。

5.1 SVM 多分类算法概述

(1) 基于 SVM 的多分类策略

目前针对 SVM 的多分类方法主要有两类：直接法和间接法[9-11]。现简单将两种方法的原理介绍如下：

① 直接法：在 SVM 二次规划模型中直接设计多类目标函数，转换为一个大的二次规划问题，一次性解决多分类。其数学形式描述如下：

设 $T=\{(x_1, y_1), \cdots, (x_l, y_l)\} \in (X\times Y)^l$ 为训练集，其中满足条件：$x_i \in X=R^n$，$y_i \in Y=\{1, 2, \cdots, M\}$，$i=1, 2, \cdots, l$，先寻找一个决策函数：$f(x)$：$X=R^n \to Y$，实现 X 到 Y 的映射，当 $M>2$ 时，上述实现的就是多分类。

直接修改 SVM 的二次规划方程，设第 j 类样本与其余类样本分离时所用的目标函数为[12]：

$$\min \frac{1}{2}\|w_j\|^2 + C\sum_{i=1}^{l}\xi_i^{(j)}$$

$$s.t.\ y_i^{(j)}[(w_j \cdot x_j) + b_j] \geqslant 1 - \xi_i^{(j)} \tag{5-1}$$

$$\text{其中，} y_i^{(j)} = \begin{cases} +1, & j = y_i \\ -1, & j \neq y_i \end{cases}$$

$$\xi_i^{(j)} \geqslant 0, (i=1, 2, \cdots, l; j=1, 2, \cdots, M)$$

对于多类分类问题，补充约束条件：$(w_{y_i} \cdot x_i)+b_{y_i}-(w_j \cdot x_i)-b_j \geqslant -\xi_i^{(j)}$，其中，$y_i \in \{1, \cdots, M\}$ 是样本 x_i 对应的多类分类标签。

该算法在原有的 SVM 分类模型上做直接改进，原理简单，但因为变量较多，造成了目标函数的求解过程较为困难，特别是在数据集样本数目较多的情况下，会大大增加计算求解的难度和训练时间。此外，该方法的分类精度也并不理想，所以没有得到进一步推广和应用。

② 间接法：先设计多个二分类器，然后按照某种规则将它们进行排序组合，从而实现样本的多类标签识别[13]。间接法的优势较为明显，由于该方法的原理是集成多个二分类器，所以，每一次分类都相当于单独训练一个二分类器，每次处理的 SV 的个数就会大大减少，在很大程度上缩短了训练时间，且具有较好的分类精度，具有较强的可操作性和实用性。近年来，采用二分类器集成的间接方法成为基于 SVM 多分类问题的研究热点和主流方向。

常见的基于 SVM 的间接多分类方法有：One-Versus-One 方法(即 OVO-SVM

方法)[14]、One-Versus-All 方法(即 OVA-SVM[15]方法)、有向无环图方法(即 DAG-SVM 方法)[16]、纠错输出编码方法[17]、基于二叉决策树的 SVM 方法[18]等。

(2) 常用的多分类算法

① One-Versus-One(OVO)

该算法在每两类数据之间都要设计一个分类器。考虑 M 类分类问题，OVO 算法在训练数据的时候，构造 $M(M-1)/2$ 个分类器对所有样本进行两两分类，然后通过得票数来判定某个未知实例的类别。其具体过程如下：

设训练集：$T=\{(x_1,\ y_1),\ \cdots,\ (x_l,\ y_l)\}\in(X\times Y)^l$，$x_i\in X=R^n$，$y_i\in Y=\{1,\ 2,\ \cdots,\ M\}$，$i=1,\ 2,\ \cdots,\ l$。对所有类别进行两两组合：$(i,\ j)=\{(i,\ j)\mid i\leqslant j,\ i,\ j=1,\ 2,\ \cdots,\ M\}$，然后取出 i，j 两类对象分别作为正负样本，组成训练集合 M_{i-j} 训练分类器，对应的判别函数：

$$g^{i-j}(x)=\sum_{i=1}^{l_{i-j}} y_i\alpha_i^* K(x,\ x_i)+b^*,\ y_i\in\{-1,\ 1\} \tag{5-2}$$

式中，l_{i-j} 为 M_{i-j} 的样本数目。由 $g^{i-j}(x)$ 的值来判断样本的类别标签 $f^{i-j}(x)$：

$$f^{i-j}(x)=\begin{cases} i, & g^{i-j}(x)>0 \\ j, & \text{其他} \end{cases} \tag{5-3}$$

对于 OVO 算法，首先将类别进行两两组合，分别训练分类器；每一个由 i、j 两类组成的二分类器，根据公式(5-2)和式(5-3)来判别某测试对象 x 的类标签，若判定该样本属于第 i 类，则第 i 类得到一票，否则第 j 类得到一票。用上述方法，将样本 x 带入每个二类分类器进行判定，然后投票，最后把样本 x 判定给得票最多的那个类别。

该方法简单易行，但是当 M 较大时，需要构造 $M(M-1)/2$ 个分类器，代价比较大。

② One-Versus-All(OVA)

在训练 M 类样本的时候，将其中一类作为正类，其余样本作为负类进行训练，其 SVM 的决策函数如下：

$$\begin{aligned} g_i(x) &= \sum_{j=1}^{l} y_j\alpha_j^i K(x,\ x_j)+b^i \\ f_i(x) &= \operatorname{sgn}[g_i(x)],\quad y_i=\{-1,\ 1\} \end{aligned} \tag{5-4}$$

对于测试样本，依据决策模型(5-4)的输出结果：其最大 $g_i(x)$ 对应的下标值来判别该样本类别。可用一个简单的二维分类问题来说明其计算过程。设从一点出发的三条射线可以将标号为“1”“2”“3”的三类样本分开，如图 5-1(a)所示。

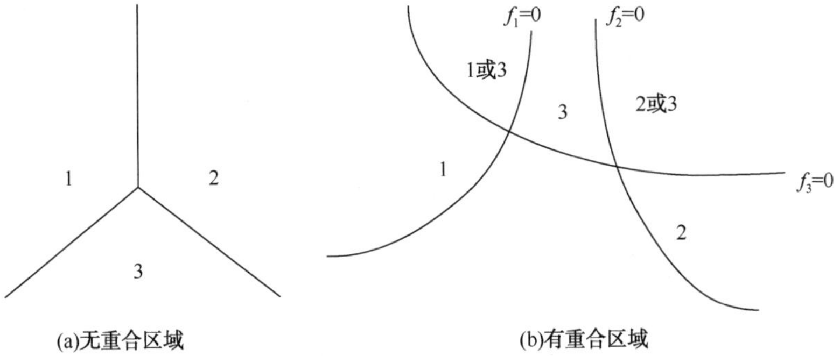

图 5-1　OVA 分类示例

使用该算法时，首先把“1”看作一类，将“2”和“3”合在一起看作一类，用模型式(5-4)构造出能将“1”类分出来的决策函数：$f_1(x)=\text{sgn}[g_1(x)]$；然后把“2”看作一类，将“1”和“3”合在一起看作一类，用模型式(5-4)构造出能将“2”类分出来的决策函数：$f_2(x)=\text{sgn}[g_2(x)]$；用类似的方法再把“3”类分出来，得到决策函数：$f_3(x)=\text{sgn}[g_3(x)]$。将测试样本 x 带入三个决策函数 f_1、f_2、f_3 中，有且仅有一个决策函数值为正值(或负值)，这样就能得到样本 x 的类别标签。在这些输出值中，如只有一个+1 出现，那么该类别就是样本的最终类别，如图 5-1(a)所示；然而，将样本完全正确分开的情况在现实中不一定总能发生，由于分类模型总会存在一些误差，所以，在输出值中可能还会出现多个+1 等情形，如图 5-1(b)所示。此时，它只能对部分点的类别判断有效，对余下的点，判别其类别的最简单方法是：判定 x 属于 $g_1(x)$、$g_2(x)$、$g_3(x)$ 三者中取值最大的 $g_i(x)$ 所对应的下标值就是 x 的类别标号。

③ 有向无环图(DAG)

有向无环图算法是一种新的学习机制，在训练阶段，该方法与 OVO 算法相同，每两类都要训练一个分类器，共训练 $M(M-1)/2$ 个二分类器，分布在 M 层结构中；但是在测试阶段，该算法引入图论中有向无环图的思想，把所有“一对一”二分类器集成为多元分类器。DAG 的拓扑结构如图 5-2 所示。

在 DAG 的拓扑结构中可以看出，从顶点开始到叶子节点，节点数从 1 到 M，层数每次增加 1 的时候，节点个数也相应地增加 1，那么，第 i 层的节点数为 i。其中，第 j 层的第 i 个节点指向第 j+1 层第 i 个和第 i+1 个节点。

对样本 x，判定每个节点时根据当前的输出值判断该样本是从哪一个分支进

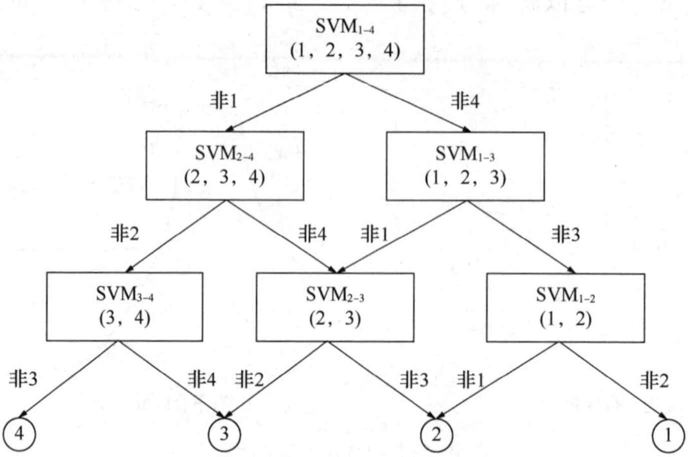

图 5-2　有向无环图的拓扑结构

入下一层的，以此类推，最后，根据叶子节点处的输出就可以判定该样本点属于哪一类了。

将经过上述过程得到的样本 x 的全部类别构成一个有序组，设列首的类为 H、列尾的类为 E，将它们分别标注为正、负两类，构建分类器如下：

$$
\begin{aligned}
g_{H-E}(x) &= \sum_{j=1}^{l_{H-E}} y_j \alpha_j^* K(x,\ x_j) + b^* \\
f_{H-E}(x) &= \operatorname{sgn}[g_{H-E}(x)],\quad y_i = \{-1,\ 1\}
\end{aligned}
\tag{5-5}
$$

式中，l_{H-E}为类 H 和类 E 的样本总数。

④ 纠错输出编码法(ECOC)

纠错输出编码法同样也是通过多个二分类实现多分类，此外，纠错输出码本身具有纠错能力，可以提高监督学习算法的预测精度。设共有 M 类样本，通常可以通过 L 个二分类的分类结果对应一系列决策函数：$f_1(x)$，$f_2(x)$，…，$f_L(x)$ 得到一个编码矩阵(M 行 L 列)：

$$
\begin{bmatrix}
1 & -1 & -1 & \cdots & 1 \\
-1 & -1 & -1 & \cdots & -1 \\
\vdots & \vdots & \vdots & & \vdots \\
1 & 1 & -1 & \cdots & 1
\end{bmatrix}
\tag{5-6}
$$

其中，每一类都对应矩阵的一行，每一行由 L 个-1 或者 1 组成。对于待分样本 x，通过 L 个决策函数，首先得到一个由元素 1 和-1 组成的长度为 L 的输出码字 S；其次，将 S 和式(5-6)的矩阵进行比较，由此判定样本 x 的类别。

⑤ 二叉决策树法(BDT)

基于二叉决策树的多类分类方法的原理是：构造一棵决策树，每一层将一类或多类与其余类别分离，如此递推下去，最后通过叶子节点判别样本的最终所属类别[19]。可以选择不同的构建方式来构造决策树，如果在每一次分类的时候，划分的两类节点数目是对等的，这样的决策树结构叫作平衡二叉决策树；两侧节点数目不平衡的决策树被称为非平衡二叉决策树，如图 5-3 所示。

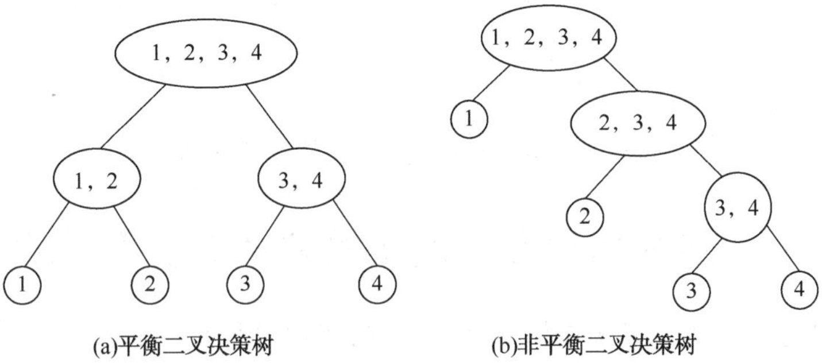

图 5-3　平衡二叉决策树和非平衡二叉决策树结构图

对于非平衡二叉决策树，每次训练分类器时，是将一个类和多个类进行划分；而对于平衡二叉决策树，每次训练分类器则选择多类与多类进行划分。对于 M 类多分类问题，BDT 只要训练 $M-1$ 个分类器，但是，OVO 和有向无环图则要训练 $M(M-1)/2$ 个分类器，相比之下，前者可以节省重复训练的时间。同时，BDT 多分类对类别的判断一定是单类别的，不会出现某个对象输出多个类别标签或者没有判定结果的情况，避免了 OVA 和 OVO 算法存在的不可分问题。但是，BDT 算法也有自身的缺陷：分类效果会受二叉决策树结构的影响，除此以外，常常会产生“误差累积”现象，即在某个节点发生的错误会延续到下一层节点，使得下一级的分类错误进一步扩大甚至失去分类的意义。因此，错误发生的节点越靠上，即发生得越早，错误影响的范围就越大，分类器的效果就越差。

BDT-SVM 分类算法在每一层上会形成一个或多个 SVM 分类器，如图 5-4 所示。每一次训练，设训练集为 M_p，包含的样本数量为 l_p，则 SVM 二值分类器构造如下：

$$
\begin{aligned}
g_{M_p}(x) &= \sum_{j=1}^{l_p} y_j \alpha_j^* K(x, x_j) + b^* \\
f_{M_p}(x) &= \operatorname{sgn}[g_{M_p}(x)], \quad y_i = \{-1, 1\}
\end{aligned}
\tag{5-7}
$$

在测试阶段，从根节点出发，经过各层节点时，由输出值进行判定，然后逐层递进直到得到测试样本的类别标签为止。

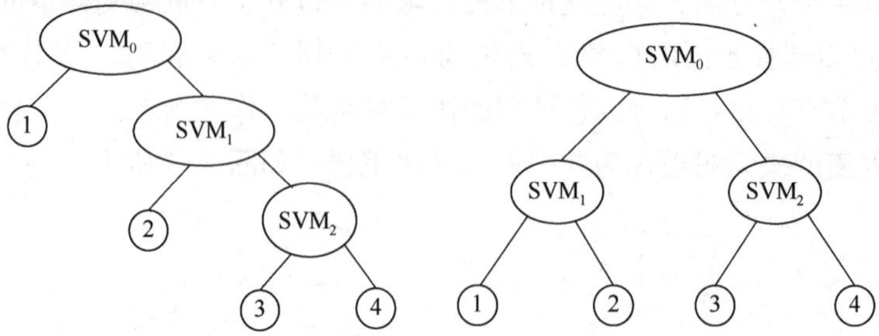

图 5-4　BDT-SVM 多分类算法拓扑结构

5.2　基于类间分离性测度的决策树多分类算法概述

如前所述，平衡二叉决策树 SVM 算法的实现过程是先通过某种算法将所有类别的样本对象划分为两大类作为正、负两类训练样本训练 SVM 分类器；然后，在划分之后的每一大类中再通过该算法进行二次划分，再一次训练 SVM 分类模型，将此过程递推下去，直到输出单类别标签为止。整个训练过程就如同建立了一棵有效的平衡二叉决策树。二叉决策树算法原理简单、易于实现，但是，该算法在决策树的创建过程中容易产生“错误累积”现象。因此，在上述过程中，平衡二叉决策树在每一层上节点划分是否合理是减少“误差累积”的关键所在，而其核心在于是否能够在每一个节点上设计合理的算法对样本进行有效划分。为此，众多学者做了很多工作：文献[1]和[20]试图通过改进的类间分离性测度来构建更加合理的决策树；文献[21]采用等效距离作为分离度量标准，训练时从树叶向树根生长，每次训练分类器时，寻找具有最小等效距离的两个局部类簇进行分离；文献[4]为了进一步完善决策树节点处的分类性能，提出了改进的双支持向量机算法；文献[22]提出了一种基于累积适应度遗传算法的 SVM 多分类决策树，该算法从根节点开始逐层构造二叉决策树，通过重新定义遗传适应度函数，选出新种群，搜索全局最优解，从而进行训练样本的分类。

对于决策树多分类而言，分类错误发生得越早，越靠近上层节点，分类效果就越差。基于这个原因，上述学者所做的工作其核心就是要构造一个合理的算法和树结构，首先要将最不容易被错分的类先分开，也就是说，节点的位置越靠近上层，两个类别之间的差异就应该越大。这样，可以最大限度地将分类错误的发生控制在远离其根节点的地方。总之，将差别最大的类尽可能早地分离出来是上述步骤的关键。在众多的节点划分算法中，通过类间分离性测度进行样本类别划分是其中重要的一个方法，构造合理的类间分离性测度可以尽可能地避免“误差累积”问题。

5.2.1 类间分离性测度

类间分离性测度，指的是不同类样本之间的分离程度。在特征空间中，每一类数据对象都对应一个类域，类域是指包含此类数据对象的最小凸集。分离性好的两个类域指的是两者之间无任何交集；此外，如果两个类域有重叠区域，那么，重叠区域内的数据元素占总数据元素的比例越小，则表示这两类数据更容易被分开，即可分离性越好[23]。

在图 5-5 所示的样本空间中，因为类 2 与其余类别都不相交，所以，类 2 的可分离性最好；而类 3 和类 4 都与类 1 相交，并且类 4 与类 1 相交区域的样本比例比类 3 与类 1 的要大，因此相对于类 4 和类 1，类 3 和类 1 的分离性更好。通过以上对类间分离性的分析，可以先将分离性最好的 2 类和其余类通过一个 SVM 二值分类器分开；然后在类 1、类 3、类 4 中，再选择分离性较好的类 3 和类 1、类 4 分开；最后将类 1 和类 4 分开。图 5-6 为按照上述思路构造的不平衡二叉决策树。

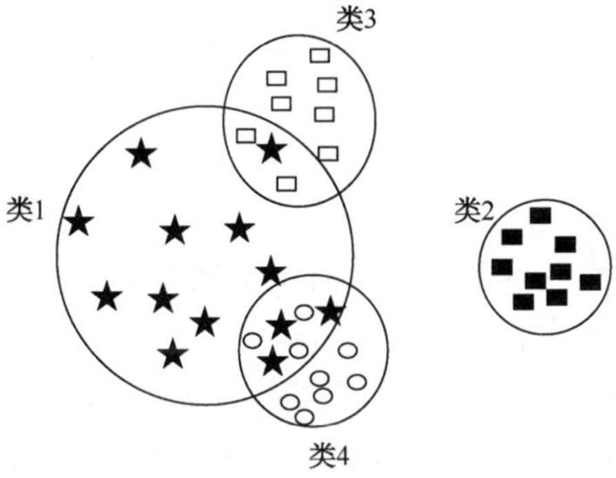

图 5-5　类间分布示意图

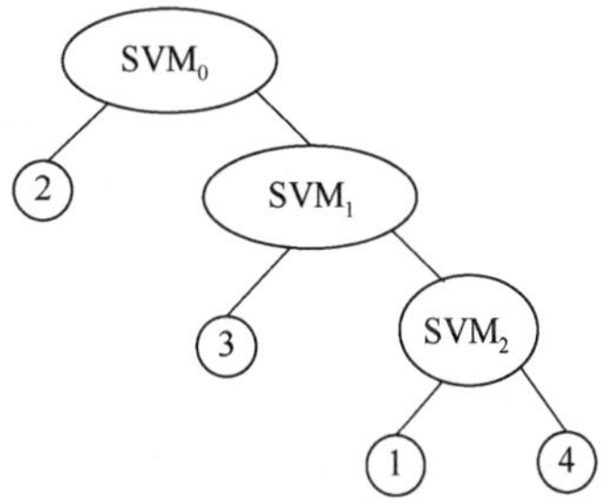

图 5-6　按照分离性测度构建的不平衡二叉决策树

由此可见，在基于决策树的 SVM 多分类方法中，构造合理的分离性测度对决策树的分类性能产生着重要的影响，也是研究的重点。所以，把容易区分的类别最先分开，尽可能地减少上层节点的错分率，是降低“误差累积”、提高分类准确性、提高分类效率的关键。

5.2.2 现有算法描述

文献[24]提出的基于SVM的二叉决策树分类算法采用了最短距离法作为类间分离性测度，其中心思想是：先从数据集中找到类间距离最远的两类样本，构成两个不同的集合，而其余的类则按照最近原则向这两个集合进行归类，最后形成正、负两大类样本进行分类器的训练；再将其中每一类样本按照上述算法反复递推，直到每一个输出都是单类别为止，该算法称为BDT-SVM算法；文献[1]通过“两类样本中心点的距离与两类样本自身方差和的比值”来定义分离性测度，值越高说明可分离程度越高，在本章中，将该算法称作VBDT-SVM算法；文献[25]利用文献[1]提出的分离性测度作为适应度函数，采用遗传算法优化决策树，分类时根据节点分离性测度的高低采用不同的分类策略，获得较好的效果。

上述算法分别从不同角度构造了类间分类性测度，均取得了较好的分类效果，但是依然存在不足之处，表现在：

(1) BDT-SVM方法仅考虑类间距离作为类分离度指标，虽然简单，但是忽略了样本内部分布特征，除了类间距离的影响以外，样本的分布特性也会影响类别之间的分离程度。文献[1]指出：类间距离相同时，它们之间的分离度和它们自身的分布情况密切相关，类间分离度与样本自身分布的离散程度成反比，所以，文献[1]提出的VBDT-SVM算法将类间分离性测度定义为两类样本中心点的距离与两类样本自身方差和的比值[公式(5-8)]，比值越高说明这两类越容易分离。

$$separation_{ij}=\frac{d_{ij}}{\delta_i+\delta_j} \tag{5-8}$$

式中，d_{ij}为第i类和第j类两类中心之间的距离；δ_i和δ_j分别为第i类和第j类的类方差[公式(5-12)]，分别为两类样本自身的分布紧密度。

(2) 公式(5-8)不仅考虑了类中心距离，还考虑了类方差，即类内样本自身的分布离散程度，但是该算法仍然存在不足之处：并没有考虑到在类间距离和类方差相同的情况下，两个类别的分离性还和某一类对象相对于其他类的分布紧密度有关，即类间方差(见定义5.1)。

5.3 基于平衡二叉决策树改进多分类算法(IBDT-SVM算法)设计

综上所述，为了构造更加合理的二叉决策树，需要解决以下问题：

(1) 构造新的类间分离性测度，尽可能地在上层节点处，根据类间分离性测度找出差别最大的两类，避免将误差带到下一层节点中；

(2) 构造新的建树方案，要尽可能地在决策树的上层进行类的合理划分，在越靠近根节点的地方构造合理的分类器以提高分类准确性，最大限度地避免“误差累积”。

基于以上考虑，本章构造了新的类间分离性测度，首先，按照新的分离度逐级分开差别最大的样本进行分类器的训练，然后根据 Class-grouping-by-majority 原则进行其余类的归类，形成新的训练样本再次训练分类模型，从而，得到了基于 SVM 的平衡二叉决策树改进算法，称为 IBDT-SVM 算法。

5.3.1 改进的类间分离性测度

为解决传统的类间分离性测度存在的问题，受三支决策聚类思想的启发[26]，本章提出一种考虑 q 近邻的分离性测度，该测度主要考虑以下三个因素：①类间方差：从样本对象邻居的多少及之间的距离出发，反映某一类对象和它近邻类之间联系的紧密程度，它与类间分离性测度成反比，即该值越小，两类样本分类性测度越大；②类方差 δ，它反映了类自身样本的分布紧凑性，与类间分离性测度成反比，即该值越小，该类与其他类分离性越大；③类间距离，即两个类中心之间的距离，它与类间分离性测度成正比，该值越大，两类样本的分离性越大。

基于上述考虑，给出新的类间分离性测度的定义。

定义 5.1(类间方差)：从样本对象位于邻类 q 近邻的角度，表示某一类对象对另外一类的分离程度。

(1) 类 C_m 中的对象 x_i 与类 C_k 的分离程度用下式表示：

$$sep(x_i, C_k) = \frac{\sum\limits_{x_j \in C_k} \alpha(x_i, x_j) \cdot \| x_i - x_j \|}{q} (x_i \in C_m) \tag{5-9}$$

其中，$\alpha(x_i, x_j) = \begin{cases} 1, & x_j \in C_k, \ x_j \in N_q(x_i) \\ 0, & x_j \notin C_k, \ x_j \in N_q(x_i) \end{cases}$。

式中，$N_q(x_i)$ 为对象 x_i 的 q 近邻域；则 $q \cdot sep(x_i, C_k)$ 为 x_i 与位于类 C_k 内同时又属于 $N_q(x_i)$ 的对象间的距离之和。

(2) 类 C_m 中所有对象与类 C_k 之间的分离性：

$$sepC_{mk}(C_m, C_k) = \sum_{x_i \in C_m} sep(x_i, C_k) = \frac{\sum_{x_i \in C_m} \sum_{x_j \in C_k} \alpha(x_i, x_j) \cdot \| x_i - x_j \|}{q} \tag{5-10}$$

同理，类 C_k 中所有对象与类 C_m 之间的分离性：

$$sepC_{km}(C_k, C_m) = \sum_{x_j \in C_k} sep(x_j, C_m) = \frac{\sum_{x_j \in C_k} \sum_{x_i \in C_m} \alpha(x_j, x_i) \cdot \| x_j - x_i \|}{q} \tag{5-11}$$

其中，$\alpha(x_j, x_i) = \begin{cases} 1, & x_i \in C_m, \ x_i \in N_q(x_j) \\ 0, & x_i \notin C_m, \ x_i \in N_q(x_j) \end{cases}$。

定义 5.2(类方差)：设第 m 类含有 n_m 个样本对象，中心为 μ_m，则 $\mu_m = \frac{1}{n_m}\sum_{x_i \in C_m} x_i$；设第 k 类所含样本个数为 n_k，中心为 μ_k，则 $\mu_k = \frac{1}{n_k}\sum_{x_j \in C_k} x_j$，将 δ_m 和 δ_k 分别定义为第 m 类和第 k 类的类方差，即

$$\delta_m = \frac{1}{n_m}\sum_{x_i \in C_m} \| x_i - \mu_m \|, \quad \delta_k = \frac{1}{n_k}\sum_{x_j \in C_k} \| x_j - \mu_k \| \tag{5-12}$$

在考虑类间方差、类方差以及类间距离的基础上，重新改进了分离性测度函数，见定义 5.3。

定义 5.3(分离性测度)：类 C_m 与类 C_k 的分离程度用下式表示：

$$\begin{aligned} separation(C_m, C_k) &= \max\left\{\frac{d_{mk}}{\delta_m + sepC_{mk}}, \frac{d_{mk}}{\delta_k + sepC_{km}}\right\} \\ &= \max\left\{\frac{d_{mk}}{\delta_m + \sum_{x_i \in C_m} sep(x_i, C_k)}, \frac{d_{mk}}{\delta_k + \sum_{x_j \in C_k} sep(x_j, C_m)}\right\} \end{aligned} \tag{5-13}$$

式中，$d_{mk} = \| \mu_m - \mu_k \|$ 为两类中心距离即类间距离。

5.3.2 基于 Class-grouping-by-majority 原则的类划分算法

本章提出的 IBDT-SVM 多分类算法在考虑类间距离、类间方差和类方差的基础上，改进了类间分离性测度；根据改进的类间分离性测度，先将分离度最大的两类找到并进行分类模型的学习，然后利用 Class-grouping-by-majority 原则[27]将

其他类归到这两类里，重新作为训练样本，再次训练 SVM 分类器；在每一个决策面上都进行如此循环，直到每一个输出结果都是叶子节点即单类样本点为止。该方法可以保证在每个分类节点处能够将所有类最大限度地分离，并尽可能保证其余类的归类尽可能合理；对于数据分布不均匀或者分布稀疏的数据，可以避免由类中心最小距离归类法带来的误差。

（1）Class-grouping-by-majority 原理简介

Class-grouping-by-majority 算法即多数点所属类别法，现以二维数据的分类为例介绍其原理，现有 3 类样本点："1""2"和"3"(如图 5-7 所示)，如果以类 1 和类 2 作为训练集训练 SVM 分类器，进行分类之后的样本点分散在初始分类器的两侧，如图 5-7(a)所示。对于类 3 样本而言，它的样本点同时分散到初始分类器的两边，但是偏向类 2 一侧包含了类 3 大部分的样本点。根据多数点判别法，将类 3 和类 2 的全部对象重新归为一类，将类 1 的数据对象作为另外一类，重新训练 SVM 分类器，得到最终的分类器，如图 5-7(b)所示。最终得到 BDT-SVM 的结构如图 5-7(c)所示。

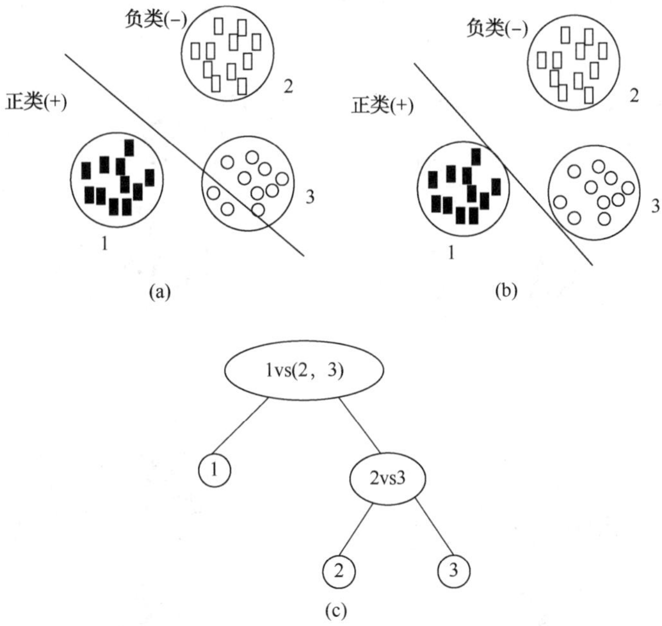

图 5-7 Class-grouping-by-majority 算法示意图

（2）基于 Class-grouping-by-majority 原则的类划分算法

IBDT 算法的思路：在决策树的每一层上，基于上述改进的类间分离性测度，先将训练集中差别最大也就是最容易分开的两类找到，分别记为max_1类和max_2类，以这两类为正、负样本作为训练样本训练分类器，记为 old-classifier；再以 Class-grouping-by-majority 为原则，将其他类分别向这两类靠拢，组成新的两类样本 $new\text{-}max_1$ 和 $new\text{-}max_2$；然后以 $new\text{-}max_1$ 和 $new\text{-}max_2$ 两类重新作为正、负类样本对象，再次进行 SVM 分类训练，得到新的 SVM 分类器 new-classifier，如此循环，直到所有的分类结果都是单类样本为止。

以一个 4 类分类问题为例，如图 5-8 所示。假设在这 4 类中，类 1 和类 2 具有最大的分离性测度，先将这两类找出来，训练形成分类器 old-classifier；然后根据 Class-grouping-by-majority 算法，将类 3 和类 4 的训练样本点再放入该分类器中进行检验，可能会产生以下 4 种情况：

① 对于类 3，如果它的大多数样本点位于分类器 old-classifier 的 positive 一侧，而类 4 的大多数样本点位于 old-classifier 的 negative 一侧，则归类结果为：{1，3}，{2，4}，如图 5-8(a)所示；

② 对于类 4，如果它的大多数样本点位于分类器 old-classifier 的 positive 一侧，而类 3 的大部分样本点位于 old-classifier 的 negative 一侧，则归类结果为：{1，4}，{2，3}，如图 5-8(b)所示；

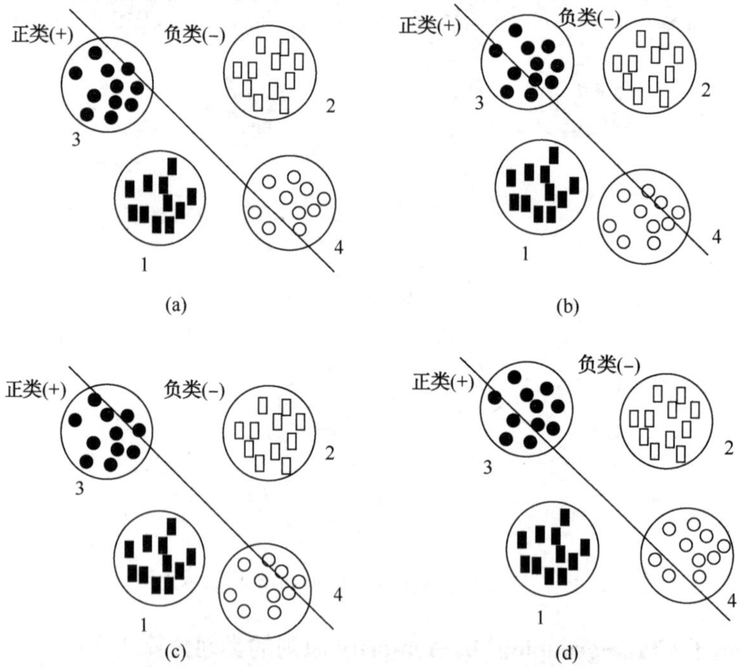

图 5-8　初始训练得到的 old-classifier 分类器

③ 对于类 3 和类 4，这两类的大部分样本点都偏向了分类器 old-classifier 的 positive 一侧，则归类结果为：{1，3，4}，{2}，如图 5-8(c)所示；

④ 对于类 3 和类 4，这两类的大部分样本点都偏向了分类器 old-classifier 的 negative 一侧，则归类结果为：{1}，{2，3，4}，如图 5-8(d)所示。

对于上述情况，需要将重新归类后的样本对象分别作为正、负两类数据集重新训练分类器，得到分类器 new-classifier，如图 5-9 所示。

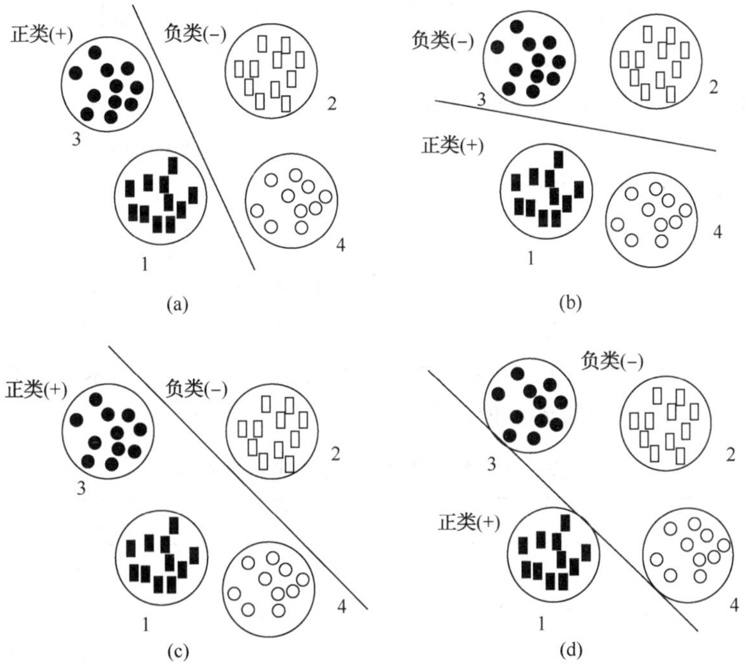

图 5-9 归类后重新训练得到的 new-classifier 分类器

5.3.3 IBDT-SVM 算法步骤

现将本章中的改进平衡二叉决策树多分类算法——IBDT 算法介绍如下：

设有 n 个输入对象共 M 类，n_i 为第 i 类样本个数，则 $n_1+n_2+\cdots+n_i=n$，IBDT 算法步骤为：

Step1. 设置初始 q，按式(5-9)~式(5-13)计算 M 类中每两类样本的分离性测度即 *separation* 值。

Step2. 设类间分离性测度最大的两类分别为$\max_1$ 和$\max_2$，将它们找出来。

Step3. 用$\max_1$ 和$\max_2$ 两类数据作为训练样本训练分类器，记为 old-classifier。

Step4. 利用 Class-grouping-by-majority 原则将其余($M-2$)类样本点分别和

max_1、max_2 归类，形成两大类，即 $\{max_1, M_{i_1}, M_{i_2}, \cdots, M_{i_j}\}$ 和 $\{max_2, M_{i_{j+1}}, M_{i_{j+2}}, \cdots, M_{i_{M-2}}\}$，将它们分别标记为新的正类样本(positive)和负类样本(negative)，再次训练 SVM 分类器，得到分类器 new-classifier，详细算法见 5.3.2 节。

Step5. 重复以上操作直到所有输出的样本类别标签为单类为止。

5.4 数值实验及结果

本章采用 UCI 数据库中的 5 个多类数据集：Segmentation、Statlog、Iris、Breast tissue 以及 Page Blocks 来验证本章提出的改进算法——IBDT 的分类精度。训练集和测试集的选取采用的是十折交叉验证算法。对上述 5 个多类数据集分别利用 OVO 算法、OVA 算法、BDT-SVM 算法、VBDT-SVM 算法以及本章中提出的 IBDT-SVM 算法进行分类，并将分类的精度进行对比。

在本研究中，使用来自 UCI 数据库的 5 个多类数据集，它们具有不同的样本量、属性值数目以及类别数目。表 5-1 给出了本实验所用数据集的全称和对应的简称，表 5-2 总结了上述这些多类数据集的信息，包括：数据集简称、样本数量、属性数目(数据维数)以及类别数目。本实验中，高斯径向基核函数的参数 g 取值为 1(即 RBF 中的参数 σ 取值为 1)。

表 5-1　本研究中的数据集名称及简称

数据集 ID	数据集名字	数据集简称
1	Image Segmentation	Segmentation
2	Statlog(Landsat Satellite)	Statlog
3	Iris	Iris
4	Breast tissue	Breast tissue
5	Page Blocks Classification	Page Blocks

表 5-2　本研究中的多类数据集信息

数据集 ID	数据集简称	样本数量	属性数目	类别数目
1	Segmentation	2310	19	7
2	Statlog	6435	36	7
3	Iris	150	4	3
4	Breast tissue	106	10	6
5	Page Blocks	5473	10	5

表 5-3~表 5-7 给出了采用 OVO 算法、OVA 算法、BDT-SVM 算法、VBDT-SVM 算法以及 IBDT-SVM 算法对上述 5 个数据集的 10 次实验的分类精度。表 5-8给出了上述结果的平均分类精度，可以看出，本章提出的 IBDT-SVM 算法具有较好的分类效果。

表 5-3　五种多分类算法在 10 次实验中对 Segmentation 数据集的分类精度

	1	2	3	4	5	6	7	8	9	10
OVO	0.923	0.961	0.961	0.957	0.957	0.965	0.961	0.957	0.957	0.960
OVA	0.880	0.940	0.944	0.935	0.935	0.948	0.939	0.935	0.939	0.943
BDT-SVM	0.944	0.987	0.972	0.987	0.974	0.985	0.981	0.987	0.978	0.991
VBDT-SVM	0.974	0.976	0.989	0.981	0.983	0.981	0.987	0.987	0.981	0.985
IBDT-SVM	0.987	0.989	0.991	0.991	0.991	0.972	0.978	0.978	0.985	0.985

表 5-4　五种多分类算法在 10 次实验中对 Statlog 数据集的分类精度

	1	2	3	4	5	6	7	8	9	10
OVO	0.967	0.948	0.906	0.833	0.945	0.943	0.969	0.962	0.945	0.896
OVA	0.922	0.891	0.857	0.757	0.878	0.888	0.923	0.916	0.887	0.839
BDT-SVM	0.961	0.961	0.955	0.848	0.953	0.956	0.947	0.946	0.941	0.935
VBDT-SVM	0.961	0.939	0.956	0.950	0.957	0.952	0.952	0.950	0.944	0.945
IBDT-SVM	0.940	0.946	0.957	0.957	0.952	0.961	0.953	0.945	0.955	0.952

表 5-5　五种多分类算法在 10 次实验中对 Iris 数据集的分类精度

	1	2	3	4	5	6	7	8	9	10
OVO	1.000	0.933	0.970	1.000	0.933	0.933	0.933	1.000	1.000	1.000
OVA	0.933	0.867	1.000	0.933	0.933	0.933	0.867	0.933	1.000	1.000
BDT-SVM	0.933	0.933	0.967	0.900	0.967	0.933	0.967	0.900	0.900	0.967
VBDT-SVM	0.967	0.967	1.000	0.933	1.000	0.933	0.900	0.933	0.900	0.900
IBDT-SVM	0.972	1.000	0.967	0.980	0.967	0.967	0.967	0.933	0.967	0.980

表 5-6　五种多分类算法在 10 次实验中对 Breast tissue 数据集的分类精度

	1	2	3	4	5	6	7	8	9	10
OVO	0.286	0.385	0.417	0.333	0.364	0.300	0.556	0.556	0.625	0.625
OVA	0.286	0.308	0.333	0.333	0.273	0.300	0.222	0.333	0.375	0.375
BDT-SVM	0.810	0.762	0.762	0.667	0.571	0.619	0.714	0.667	0.810	0.714
VBDT-SVM	0.571	0.762	0.571	0.714	0.571	0.571	0.619	0.429	0.571	0.762
IBDT-SVM	0.762	0.714	0.714	0.714	0.810	0.810	0.619	0.667	0.857	0.571

表 5-7　五种多分类算法在 10 次实验中对 Page Blocks 数据集的分类精度

	1	2	3	4	5	6	7	8	9	10
OVO	0.944	0.947	0.936	0.932	0.942	0.949	0.929	0.885	0.936	0.938
OVA	0.942	0.954	0.940	0.936	0.942	0.948	0.934	0.879	0.934	0.945
BDT-SVM	0.915	0.900	0.911	0.915	0.906	0.926	0.923	0.915	0.900	0.909
VBDT-SVM	0.910	0.905	0.914	0.888	0.898	0.917	0.916	0.919	0.921	0.899
IBDT-SVM	0.928	0.918	0.928	0.950	0.930	0.928	0.950	0.930	0.928	0.960

表 5-8　五种多分类算法的平均分类精度对比

数据集	OVO	OVA	BDT-SVM	VBDT-SVM	IBDT-SVM
Segmentation	0.956	0.934	0.979	0.982	0.985
Statlog	0.931	0.876	0.940	0.950	0.952
Iris	0.970	0.940	0.937	0.943	0.970
Breast tissue	0.445	0.314	0.710	0.614	0.724
Page Blocks	0.934	0.935	0.912	0.909	0.935

图 5-10(a)~(e)分别给出 10 次实验中，OVO 算法、OVA 算法、BDT-SVM 算法、VBDT-SVM 算法以及本章中提出的 IBDT-SVM 算法对上述 5 个不同数据集的分类精度对比。从图中可以看出，相对于其他四种多分类算法，本章提出的 IBDT-SVM 算法具有较好的稳定性和较高的分类精度。图 5-11 显示了上述五种算法对于各数据集的平均分类精度。

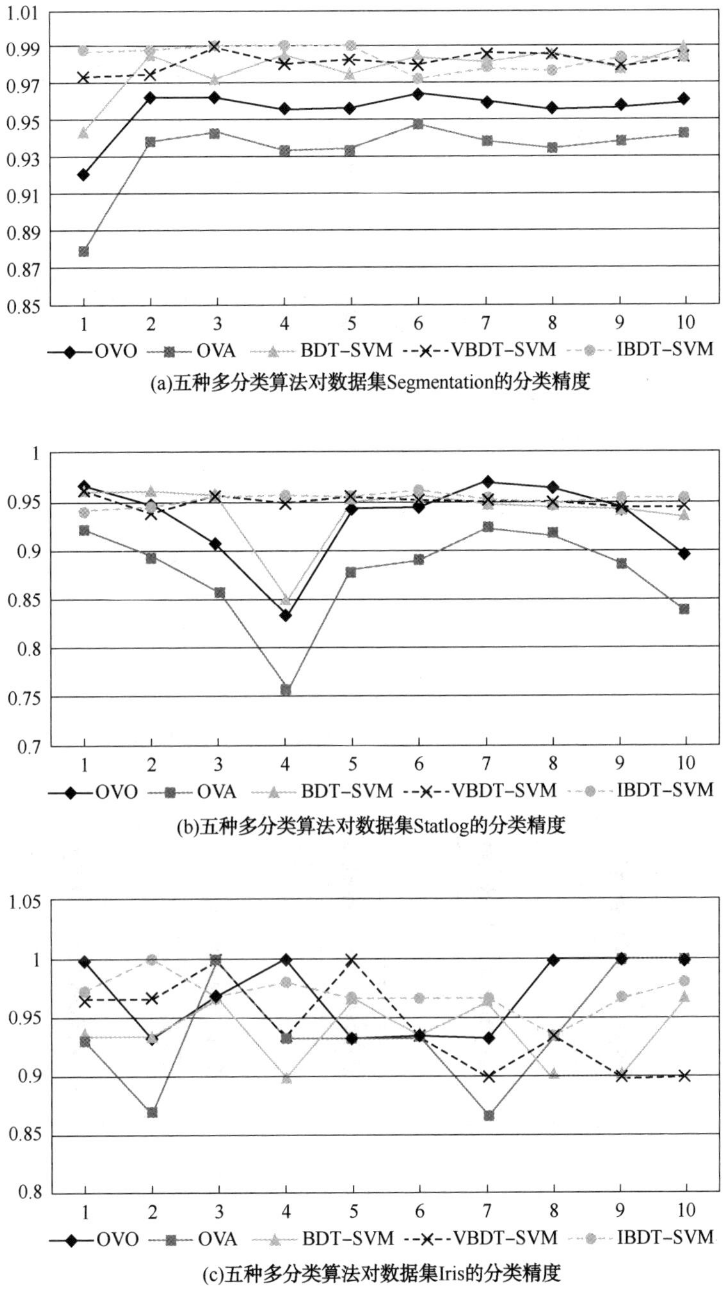

图 5-10　五种多分类算法对各个数据集的分类精度

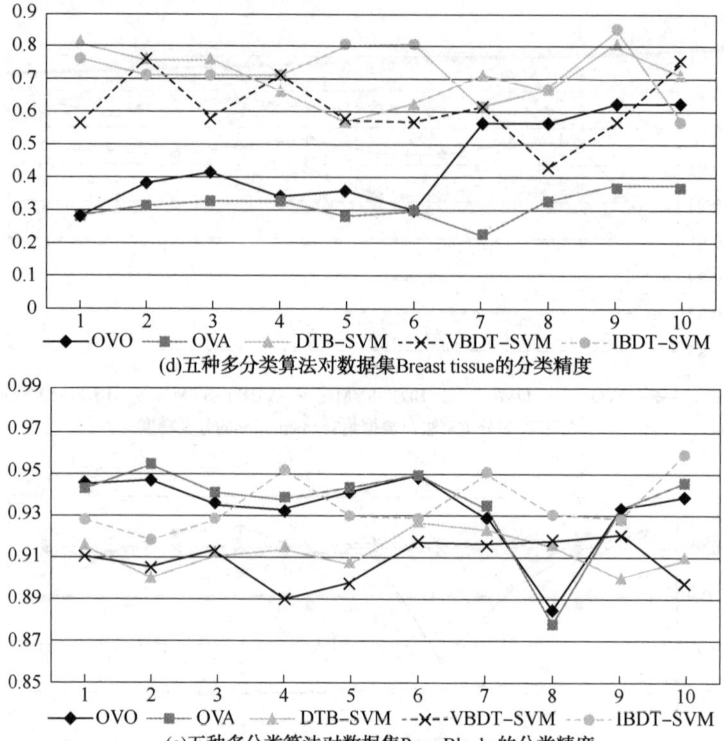

(d)五种多分类算法对数据集Breast tissue的分类精度

(e)五种多分类算法对数据集Page Blocks的分类精度

图 5-10　五种多分类算法对各个数据集的分类精度(续)

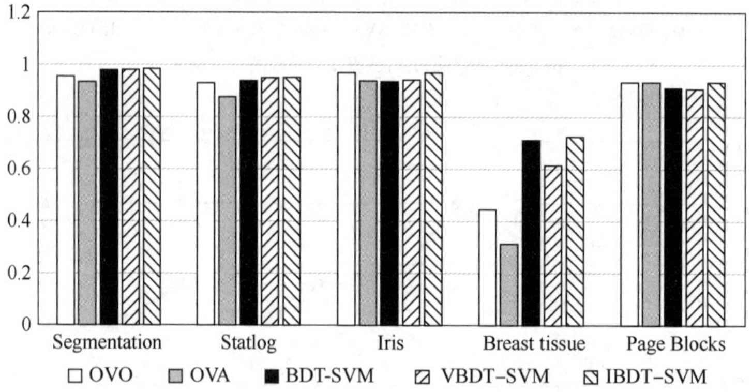

图 5-11　五种多分类算法对各个数据集的平均分类精度

5.5　本章小结

本章提出了基于平衡二叉决策树的改进多分类算法——IBDT-SVM 算法。该算法改进了原有的 BDT-SVM 算法的类间分类性测度，使得类间分离性的计算不仅考虑了类间距离、类方差，还考虑了类间方差；根据改进的新类间分离性测度，找出差别最大的两类样本训练分类模型；除此以外，考虑到使用最小中心距离归类法对不均匀数据或者稀疏数据的划分误差，利用 Class-grouping-by-majority 方法对其余样本进行归类，再次训练分类器，从而确保较优的分类效果。

该算法规则简单、易于理解，需要构造的分类器个数较少，实验表明，能够在一定程度上改进原二叉决策树多分类算法的分类精度。在今后的工作中，还可以考虑构造更优的算法或者决策树结构，例如：可以考虑通过改进 SVM 算法来进一步优化决策树分类机制；以各类中心到根节点距离为基础构造 SVM 决策树分类算法；或者结合其他算法的优势，提高多分类的分类精度，例如：与粗糙集理论相结合，形成一种优势互补的多分类模型等。

参考文献

[1] 夏思宇，潘泓，金立左. 非平衡二叉决策树多类支持向量机分类方法[J]. 计算机工程与应用，2009，45(17)：167-169.

[2] 范柏超，王建宇，薄煜明. 结合特征选择的二叉决策树 SVM 多分类算法[J]. 计算机工程与设计，2010，31(12)：2823-2825.

[3] Diao Z H, Zhao C J, Guo X Y, et a1. A new SVM muli-class classification algorithm based on balance decision tree[J]. Control and Decision, 2011, 26(1): 149-152, 156.

[4] 谢娟英，张兵权，汪万紫. 基于双支持向量机的偏二叉决策树多类分类算法[J]. 南京大学报(自然科学版)，2011，47(4)：354-363.

[5] Shao Y H, Chen W J, Huang W B, et al. The Best Separating Decision Tree Twin Support Vector Machine for Multi-Class Classification[J]. Procedia Computer Science, 2013, 17(5): 1032-1038.

[6] Xue S, Jing X, Sun S, et al. Binary-decision-tree-based multiclass Support Vector Machines [C]//2014 14th International Symposium on Communications and Information Technologies (ISCIT). IEEE, 2014: 85-89.

[7] 林志杰，余春艳. 改进的基于平衡二叉决策树的 SVM 多分类算法[J]. 小型微型计算机系统，2014，35(5)：1128-1132.

[8] Lajnef T, Chaibi S, Ruby P, et al. Learning machines and sleeping brains: Automatic sleep stage classification using decision-tree multi-class support vector machines[J]. Journal of Neuroscience Methods, 2015, 250: 94-105.

[9] 王道明，鲁昌华，蒋薇薇，等. 基于粒子群算法的决策树 SVM 多分类方法研究[J]. 电子测量与仪器学报，2015，29(4)：611-615.

[10] Li D L, Yang W Z, Wang S L. Classification of foreign fibers in cotton lint using machine

vision and multi-class support vector machine[J]. Computers and Electronics in Agriculture, 2010, 74(2): 274-279.

[11] Yang P X, Zhang P C. Distributed generation system interconnection protection based on multi-class SVM[J]. Automation of Electric Power Systems, 2015, 39(22): 110-151.

[12] 曹兆龙. 基于支持向量机的多分类算法研究[D]. 上海: 华东师范大学, 2007: 19-29.

[13] Allwein E, Schapire R E, Singer Y. Reducing multiclass to binary: a unifying approach for margin classifiers[J]. Journal of Machine Learning Research, 2001(2): 113-141.

[14] Bala M, Agrawal R K. Statistical Measures to Determine Optimal Structure of Decision Tree: One versus One Support Vector Machine[J]. Defence ence Journal, 2010, 60(4): 399-404.

[15] Xu L, Zhao G Z, Gu H. Novel one-vs-rest classifier based on SVM and multi-spheres[J]. Journal of Zhejiang University, 2009, 43(2): 303-308.

[16] Zhang C, Ma Z F, et a1. A method based on dynamic sequence analysis of an API and DAG-SVM multi-class support vector machines of unknown virus detection[J]. Journal of Chinese Computer Systems, 2012, 33(12): 2724-2728.

[17] Nazari S, Moin M S, Kanan H R. A discriminant binarization transform using genetic algorithm and error-correcting output code for face template protection[J]. International journal of machine learning and cybernetics, 2019, 10(3): 433-449.

[18] Asdrubal L C, X O Li, W Yu. Support vector machine classification for large datasets using decision tree and Fisher linear discriminant[J]. Future Generation Computer Systems, 2014, 36: 57-65.

[19] 张耿. 多分类支持向量机的研究及在说话人识别中的应用[D]. 长沙: 中南大学, 2007: 17-19.

[20] 历小润, 赵光宇, 赵辽英. 决策树支持向量机多分类器设计的向量投影法[J]. 控制与决策, 2008, 23(7): 745-750.

[21] 王冉, 陈进. 支持向量机决策树分类器在转子故障诊断中的应用[C]. 第十二届全国设备故障诊断学术会议, 2010: 258-260.

[22] 朱庆生, 程柯. 一种基于累积适应度遗传算法的 SVM 多分类决策树[J]. 计算机应用研究, 2016, 33(291): 64-67.

[23] 孙奉永. 基于决策树的支持向量机多类分类方法研究[D]. 长春: 东北师范大学, 2015: 10-18.

[24] 吴恩英, 吕佳. 基于二叉决策树支持向量机多分类算法的研究[J]. 重庆师范大学学报(自然科学版), 2016, 33(3): 102-106.

[25] 丁胜锋, 孙劲光, 陈东莉, 等. 一种改进的 SVM 决策树及在遥感分类中的应用[J]. 计算机应用研究, 2012, 029(3): 1146-1148, 1151.

[26] 于洪, 毛传凯. 基于 k-means 的自动三支决策聚类方法[J]. 计算机应用, 2016, 36(8): 2061-2065.

[27] Kantavat P, Kijsirikula B, et al. Efficient Decision Trees for Multi-class Support Vector Machines Using Entropy and Generalization Error Estimation[J]. International Journal of Applied Mathematics and Computer Science, 2018, 28(4): 705-717.

6 基于广义 KKT 条件的 ISVM 算法对于动态数据的分类研究

传统的机器学习方法往往都是采用批量获取的样本进行充分的训练和学习，得到分类模型，再对测试样本进行分类识别。然而在实际情况中，获取的样本往往是随着时间变化分批获得的，在学习过程中不断被扩充，例如：在故障诊断领域，某些情况下，由于测试环境、条件、方式的变化或者限制，使得数据是分批次、动态获取的；或者数据本身就具有随时间连续变化等特点，例如网络流数据。

对于动态、非一次性获得的数据或者流数据分类问题，如何有效地保留原有的分类信息，同时能够针对新增加的知识校正和调整之前的分类模型，使新的分类模型能适应新得到的数据，而不必重新对所有数据进行学习，是目前分类算法的一个研究热点。这种学习方式叫作增量学习，而基于 SVM 的增量学习(ISVM)模式对动态数据或者流数据的分类研究具有重要意义。

在基于 ISVM 的学习过程中，每次新增样本之后，如何有效地保留历史信息，同时对新增的训练数据有选择地丢弃和遗忘，在保持分类精度的同时又节省存储空间，是 ISVM 分类算法的关键。目前，对于 ISVM 的研究主要包括两个方面：基于样本选择策略的增量学习和基于 KKT 条件的增量学习策略，不论是上述哪种情况，其关注的焦点都集中在支持向量的选取上。

在此背景下，本章给出了基于广义 KKT 条件的 SVM 增量学习策略——GGKKT-ISVM 算法。该算法在利用分布密度设置新广义扩展因子的基础上，将原数据集和新数据集中所有违反 KKT 条件的数据对象保留到新的支持向量集中，构建新的分类器；然后对符合原 GKKT 条件但违背新 KKT 条件的新加入数据进行筛选，即对分类器进行二次修正，确保所有“有用”的样本点都加入训练集中，再次训练分类模型。该算法在不完全舍弃历史分类信息的情况下充分挖掘新增样本信息，最大限度地保留有价值的决策样本，从而构造高精度的动态分类模型。

6.1 ISVM 算法概述

随着信息技术的快速发展，在故障诊断领域采集到的样本数据往往具有动态变化、时时更新等特点，随着新增样本的不断积累，传统的基于批数据(Batch Data)学习策略的 SVM 分类算法会使训练时间和存储空间不断增加，也不能在保留原有分类信息的情况下根据新增样本来动态更新分类模型。为了解决上述问题，ISVM 学习策略最早于 1999 年被提出，该策略的原理是：在有新样本加入训练集时，只保留前一次训练得到的支持向量(SV)，舍弃其他对象，将保留下来的有用的样本和新增对象进行合并，重新训练 SVM 分类器[1]。由于每次只保留支持向量，该 ISVM 策略在一定程度上提升了传统分类模型的效率。

与传统的机器学习方法相比，ISVM 学习策略既能有效保留历史信息，又能够对新数据进行实时学习，构建了一个循序渐进的动态学习模式。除此以外，由于该学习策略在每次训练时只需将有价值的决策样本进行保留，舍弃“无用”样本，可以在提高学习效果的同时节约存储空间，这对 SVM 分类算法的深入拓展具有重要意义[2-5]。

目前，增量学习主要可以分为[6]：

① 基于样本增加的增量学习(Incremental instances)：每次学习时样本发生变化，有新样本出现，是增量学习中最常见、最主要的情况。传统的机器学习方法，通常是在收集一定数量的样本之后进行训练，得到一个学习模型，模型的训练是基于批量学习的基础上。然而，在生产实践中很多数据并不是一次性获得的，往往是陆续得到。随着新样本的不断增加，新知识的不断更新，历史模型需要根据新知识进行更新与不断地完善，而不需要完全推倒历史重新训练。基于样本增加的增量学习可分为两种学习方式：批样本增量学习，即一次增加一批新样本；单样本增量学习，即一次增加一个新样本。

② 基于特征增加的增量学习(Incremental features/attributions)：每次学习时，数据的特征在动态变化。在生产实践中，由于各方面的因素，如环境的变化、技术的更新、需求的变化等情况可能会造成新增样本的数据特征在数目上的增加或减少，这种情况下在进行学习任务时，利用历史学习结果，基于特征增加或减少后进行模型的增量更新，可归纳为基于特征增加的增量学习方式。

③ 基于类别增加的增量学习(Incremental classes)：每次学习时，样本的类别会随着新样本的到来发生变化。例如：随着样本不断地增加，由于样本分布的变化或者研究要求的变化，都可能造成新类别的样本出现。这时，如何在已经训练

好的模型上完成新的学习任务，而不必完全推翻历史的学习模型，可归为基于类别增加的增量学习方式。

④ 全增量学习：每次学习时，样本的数量、特征和类别都可能动态改变，这种情况更加符合现实生活中的学习情况，例如：医疗领域，某种疾病的病例会随着时间而增加，即样本在增加；随着检测技术的改进或者新的检测手段与方式的出现，可能出现新的指标或参数，即样本的特征在变化；由于技术的进步，例如：医学研究中对疾病的诊断可能更加科学，出现新的认识，可能出现新的类别。这种考虑样本数量、样本特征、样本类别均发生变化的情况下进行的增量学习，可归为全增量式的学习方式。

目前，增量学习的大量工作都还只集中在基于样本增加的增量学习，近些年来，出现了有关特征增加的增量学习研究工作[7]，除此以外，还有些研究工作开始注意到类别增加的情况[8,9]，但是全增量学习的研究工作目前还很少。

总体上，增量学习的过程中主要会面临以下挑战：

① 样本分布不平衡问题。实际问题中，经常会出现新增样本为非均衡数据的情况。这时，少数类别的样本很可能被当前模型忽略，甚至当成离群点或者噪声；但是，这些少数类别的样本，往往在学习问题中更为重要，更需要被学习模型正确识别。在增量的学习过程中，特别是在线的过程中，由于无法控制样本到来的顺序，即使是总体上分布平衡的数据，在短时间的过程中，也可能出现一种样本集中出现、另外的样本很罕见的情况，这种情况就属于样本分布不平衡的情况[6]。

② 样本是否有标记的问题。实际学习中，因为各种原因致使标注好的大量样本往往比较难以获得。这种情况也会出现在增量学习中，此时常常会考虑结合无监督学习、半监督学习的方法等，高效地使用已标注样本并利用大量无标注的样本来促进学习模型的改进。

③ 概念漂移问题。概念漂移指的是数据潜在概念随着时间发生变化的现象。例如，随着时间推移与网络数据的变化，某些数据的判断规则出现变化，这时传统的基于静态环境的数据检测方法不能应对这种变化。概念漂移包括以下三种情况：类别的先验概率发生了变化、类别本身的分布发生变化和类别中样本的后验概率发生变化。

从研究方法来看，目前，国内外对于 ISVM 算法的很多研究主要集中在支持向量(SV)的优选上，主要分为两大类：一类是基于样本选择策略的增量学习算法；另一类是基于 KKT 条件的增量学习策略。前者通过训练初始分类器，将得到的 SV 和有可能成为 SV 的边界向量合并成新的训练样本，再次求解二次规划问题，得到新的决策函数。后者则根据原始输入数据，首先训练初始分类器，然后根据 Lagrange 乘子找出原始或者新增数据中违反 KKT 条件的样本，从而更新支持向量集，得到新的 SVM 分类模型。

国内外学者针对基于样本预选策略的 ISVM 算法开展了很多研究工作：萧嵘等提出一种 a-SVM 增量学习算法[10]；Wang 分析了靠近分类边界的样本易成为支持向量，从而选取分类边界附近的非支持向量到增量更新中，提出了一种冗余 ISVM 学习算法[11]；姚明海为了提高大规模高维度数据的分类精度，提出了一种基于局部敏感哈希的 ISVM 快速学习方法，首先利用局部敏感哈希能快速查找相似数据的特性，在 SVM 算法的基础上筛选出增量中可能成为 SV 的样本，然后将这些样本与已有 SV 一起作为后续训练的基础[12]；唐庭龙结合了经典 ISVM 算法的严格增量过程和 Passive-Aggressive 在线学习的思想，有效地解决了经典 ISVM 算法在在线过程中如何更好地选择新的 SV 问题[6]；Zhang 等引入 RCMDE 作为特征提取方法，提出了一种改进的基于 whale 优化算法(WOA)的 ISVM 故障分类器，对轴承故障进行诊断和预测[13]。

上述增量模型都是基于样本预选策略的，除此以外，很多学者和专家又提出了基于 KKT 条件以及 Lagrange 乘子法的 ISVM 学习算法，例如：陈桂军提出的基于广义 KKT 条件优选支持向量集的 ISVM 算法[14]；李妍坊提出了一种基于组合保留集的改进 ISVM 算法，该算法对原来和新增数据集中符合 KKT 条件的样本都进行了部分保留，依据权重对违背 KKT 条件的对象进行筛选，将两者进行合并后作为训练样本进行分类学习[15]；李鲁英提出的基于聚类预选取向量的 ISVM 算法，基于广义 KKT 条件提取支持向量[16]。

从上述研究中可以看出，在增量学习中，随着新样本的加入，如何选取新的支持向量集，使得有用的信息不被丢弃的同时又能够保留原有的训练结果，成为构建 ISVM 学习模型的重要内容。

6.2 KKT 条件与样本分布

6.2.1 KKT 条件与样本分布的关系

在 ISVM 的学习过程中，KKT 条件具有重要作用，它可以验证新增样本对于历史训练结果的影响。

基于 SVM 的非线性分类模型可以归结为如下凸半正定规划问题：

$$
\begin{aligned}
&\min \frac{1}{2}\sum_{i=1}^{l}\sum_{j=1}^{l} y_i y_j \alpha_i \alpha_j K(x_i \cdot x_j) - \sum_{i=1}^{l}\alpha_i \\
&s.t. \sum_{i=1}^{l} y_i \alpha_i = 0 \\
&0 \leqslant \alpha_i \leqslant C,\ i = 1,\ 2,\ \cdots,\ l
\end{aligned}
\tag{6-1}
$$

求解上述问题得到分类函数：$y = \mathrm{sgn}f(x) = \mathrm{sgn}[\sum_{i=1}^{l}\alpha_i y_i K(x_i \cdot x) + b]$ 为决策函数，当且仅当训练集中每一个样本点 x_i 都满足如下 KKT 条件，即

$$
\begin{cases}
\alpha_i = 0 \Rightarrow y_i f(x_i) \geqslant 1 \\
0<\alpha_i<C \Rightarrow y_i f(x_i) = 1 \\
\alpha_i = C \Rightarrow y_i f(x_i) < 1
\end{cases}
\quad
\begin{cases}
\alpha_i = 0,\ f_i \geqslant 1 \text{ 或 } f_i \leqslant -1 \\
0<\alpha_i<C,\ f_i = 1 \text{ 或 } f_i = -1 \\
\alpha_i = C,\ -1 \leqslant f_i \leqslant 1
\end{cases}
\tag{6-2}
$$

$\alpha = (\alpha_1,\ \alpha_2,\ \cdots,\ \alpha_l)$ 是上述规划问题的最优解。

设 $(x_i,\ y_i)$ 为新增数据对象，那么违反 KKT 条件的样本一般有如下三种情况[17]：

① $(x_i,\ y_i)$ 位于分类间隔中，与同类样本在分类边界同侧，可以被原分类器正确分类，满足 $0 \leqslant y_i f(x_i) < 1$；

② $(x_i,\ y_i)$ 位于分类间隔中，与同类样本在分类边界异侧，不能被原分类器正确分类，满足 $-1 \leqslant y_i f(x_i) \leqslant 0$；

③ $(x_i,\ y_i)$ 位于分类间隔外，与同类样本在分类边界异侧，不能被原分类器正确分类，满足 $y_i f(x_i) < -1$。

综上所述，违反 KKT 条件的样本点满足 $y_i f(x_i) < 1$。

如图 6-1 所示，实心点表示正样本，空心点表示负样本，设 $f(x) = 0$ 表示原训练集训练得到的分类决策面；$g(x) = 0$ 表示新数据加入后得到的最新分类决策面。P_1、P_2、P_3、P_4 是原分类模型的 SV，随着新样本 N_1、N_2、N_3、N_4 的加入，使得原来的分类超平面发生了变化，对新的分类决策模型，新的 SV 集由样本 N_3、P_2、P_3、P_5、N_4 组成，其中 N_3、P_5 是原模型的非支持向量。

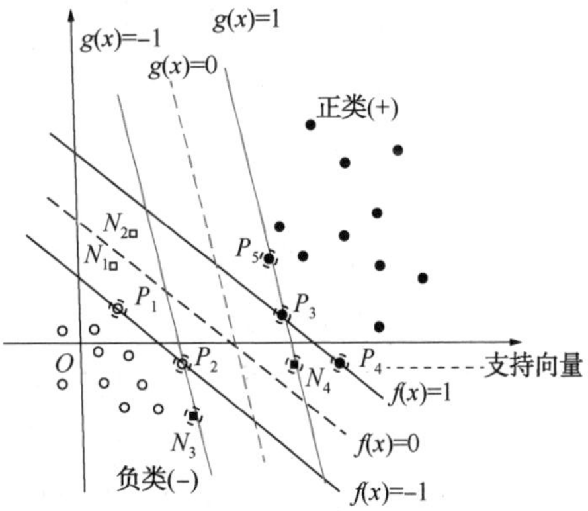

图 6-1　违反 KKT 条件的新样本点的分布

如果加入的数据中含有新的信息，则模型更新后的支持向量集也将会随之改变，对那些可能成为新的支持向量的样本点进行有效的筛选，对于 SVM 学习机训练有着重要的意义。

定理 6.1[18] 令(x_i, y_i)为新增数据对象，$f(x)$为原分类模型对应的决策函数，如果(x_i, y_i)满足此时分类模型对应的 KKT 条件，则(x_i, y_i)将不会使原支持向量集发生变化；反之，如果(x_i, y_i)违反了 KKT 条件，则会使得支持向量集发生变化。

定理 6.2[19] 若新增样本(x_i, y_i)违反了原分类模型的 KKT 条件，则原数据集中的某些非支持向量有可能在增量学习后转化为支持向量。

由定理 6.1 可知，违反 KKT 条件的数据对象会影响最终的决策函数。所以，新增数据集中满足 KKT 条件的数据对象不会对原分类器产生影响，而另一部分违反 KKT 条件的数据对象会对原分类器产生影响。

由定理 6.2 可知，在考虑重构支持向量集的时候，如果只考虑违反 KKT 条件的新增数据和先前的支持向量集，而不考虑原来的非支持向量集，则更新后的支持向量集未必是最优的，进而使得更新后的分类器也未必是最优的。因此，在重构支持向量集的时候，原样本集中位于分类边界附近的非支持向量也需要被考虑进去。

6.2.2 GKKT 条件与样本分布的关系

如图 6-1 所示，由于新的数据对象的加入，分类超平面有可能会产生旋转，因此，在重构支持向量集的时候，为了不漏掉位于分类边界附近有用的样本信息，可以对 KKT 条件进行扩展，增加广义扩展因子，得到广义 KKT 条件（Generalized KKT，GKKT）。因此，违反广义 KKT 条件的样本点满足：

$$yf(x) \leqslant 1+\delta \tag{6-3}$$

式中，δ 为广义扩展因子。

如果把样本点分为以下三类：①集合 U：由全部违反 KKT 条件的样本点组成；②集合 V：原分类器的支持向量集；③集合 W：由满足 KKT 条件且位于分类间隔附近的样本组成。则当 $\delta=0$ 时，违反 KKT 条件的数据对象集合是 $U \cup V$；当 $\delta>0$ 时，违反 GKKT 条件的数据对象集合是：$U \cup V \cup W$。不论对原数据集还是对新加入的数据对象，只要违反上述 GKKT 条件，均有可能成为新的支持向量，所以只需将原数据集合和新增数据集合求并集，则该集合中所有违反 GKKT 条件的样本均都有可能成为新的支持向量。

6.3 ISVM经典算法简介

6.3.1 Simple-ISVM 算法描述

对于ISVM学习的研究最早由Syed等提出[20]，该算法的思路是：设原始数据集合为 U，丢掉所有的非支持向量，筛选出其中的支持向量，设 U 中所有支持向量构成的集合记为 VC_1；设新增样本点集合为 Add，当新样本点加入时，将之前找出的支持向量集 VC_1 中的全部向量加入集合 Add 中，将获得的样本集合 $VC_1 \cup Add$ 作为新的训练集，从而构建新的分类器。

该算法通过丢弃初始训练集合的非支持向量的方法减少了计算复杂度，提高了训练效率，但是该算法也存在不足之处：由于难以完全确定样本空间的分布，所以原始数据集中的非支持向量随着新数据的加入，很有可能会成为新模型中的支持向量，如图6-1所示。在图6-1中，新的样本 N_1、N_2、N_3、N_4 加入后，相应的分类决策面也发生了改变，原来的非支持向量 N_3、P_5 成为新模型中的支持向量，但是，按照Simple-ISVM算法，这些向量却被丢弃了，这会在很大程度上影响了增量学习的性能。

6.3.2 PISVM 算法描述

针对目前增量样本选择算法过于复杂的问题，文献[21]提出了PISVM算法。该算法每次选择概率密度值最大的数据对象，作为最具有代表性的样本，如果该对象的预测值与真实类标签不一致，则将其加入训练集对分类器进行训练。该算法的思路是：

Step1. 随机选取初始样本集 U 中的一部分样本作为训练样本，放入集合 U_T 中，其余样本点看作新增样本点放入集合 U_R 中。

Step2. 使用SVM算法训练集 U_T 中的数据对象，得到分类器，选取其中的支持向量，并将其放入集合 VC_1 中。

Step3. 增量样本的选择过程：

Step3.1. 判断集合 U_R 是否为空，如果为空，则算法结束；否则，对集合 U_R 中的每一个样本 x_j，分别按照式(6-4)和式(6-5)计算该样本点的正类及负类的概率密度值：

$$G_{x_j}^{+} = \frac{1}{l_+}\sum_{i=1}^{l_+} K(x_i,\ x_j) \tag{6-4}$$

$$G_{x_j}^{-}=\frac{1}{l_-}\sum_{i=1}^{l_-}K(x_i,\ x_j) \tag{6-5}$$

式中，l_+、l_-分别为正、负训练样本的个数；x_i 为训练样本；$K(x_i,\ x_j)$为核函数。

Step3. 2. 通过公式(6-4)的计算，选择集合 U_R 中概率密度 G^+最大的，也就是离正类中心最近的样本 x_j，如果该样本的类标签值为+1，则不做任何处理；反之，如果其类标签值为-1，就选它作为增量样本，分别放入集合 U_T 和集合 VC_1 中，并从集合 U_R 中将其删掉。

Step3. 3. 通过公式(6-5)的计算，选择集合 U_R 中概率密度 G^-最大的，也就是离负类中心最近的样本 x_j，如果该样本的类标签值为-1，则不做任何处理；反之，如果其类标签值为+1，就选它作为增量样本，分别放入集合 U_T 和集合 VC_1 中，并从集合 U_R 中将其删掉。

Step4. 判断集合 U_T 中是否有新样本的加入；若没有，则令 $j=j+1$，转到 Step3；否则对 VC_1中的样本进行 SVM 训练，然后再转到 Step3。

Step5. 算法结束。

该算法思路清晰，简单易行，但是，由于每次迭代过程只能处理 1 到 2 个样本，所以，在处理大样本数据时，该算法并不适用。

6. 3. 3 S-ISVM 算法描述

文献[16]提出了基于聚类预选取向量的 ISVM 算法，被称为 S-ISVM 算法。该算法的思路是：首先，对原数据集 U，利用模糊 C 均值聚类法筛选出其边界向量集 B_1，把 B_1 作为训练集得到初始分类器，找出其对应的支持向量集，记为 SV_1。其次，在集合 U 中找出违背 KKT 条件的数据对象，通过中心密度比值法找出在原始分类面附近的非支持向量，构成集合 SV_2。再次，在新加入的数据中找出距离 SV_1较近的支持向量集，记为 $SV_2'1$，同时找出新加数据中违背 KKT 条件的对象，构成集合 SV_2'。之后对没有违背 KKT 条件的样本，则将它们放入原始训练集 B_1中，因为它们有可能在下一次学习中转换成支持向量。取集合 $SV_1\cup SV_2'1$ 中的数据对象作为新的训练集再次训练分类器。最后，判断集合 $SV_2\cup SV_2'2$ 中的向量是否与分类超平面相关，如果相关，将非支持向量集也加入训练。算法如下：

前提：假设 U 为初始数据集，$U_i(i=1,\ 2,\ \cdots,\ n)$为新增数据集；

算法目标：寻找基于 $U\cup U_i$ 的分类器。

Step1. 对初始数据集 U 中每个数据对象计算其 C 个聚类中心，根据其聚类中

心提取边界向量集 B_1。

Step2. 对新增样本进行训练，获得分类器 classifier，分别找出支持向量集合 SV_1 和非支持向量集合 SV_2。

Step3. 判断是否还有新的样本继续增加，如果没有增加，则算法结束，得到分类器 classifier。

Step4. 判断新加入的数据集 U_i 中是否有违背 KKT 条件的数据对象，如果没有，则算法结束，classifier 为最终分类器。

Step5. 记集合 $SV_2'1$ 为集合 U_i 中不违背 KKT 条件的支持向量集；记集合 SV_2' 为集合 U_i 中违背 KKT 条件的非支持向量集。

Step6. $U_i = SV_1 \cup SV_2'1 \cup SV_2 \cup SV_2'2$。

该算法通过 KKT 条件来判断新增数据之后的分类模型是否需要重新学习，如果需要重新训练分类模型，则将原分类模型中的支持向量集和距离分类决策面较近的非支持向量机集，连同新增数据对象中违反 KKT 条件的样本放到一起进行再学习，这样可以保留绝大部分有用信息，丢掉无用信息，提高分类模型的分类性能。

6.4 基于 GKKT 条件的改进 ISVM 算法(GGKKT-ISVM 算法)设计

文献[14]给出了一种广义 KKT(GKKT)扩展因子算法，该算法需计算包含每类数据对象闭合球的球心和半径，且其确定方法比较复杂。综合该广义 KKT 扩展因子的计算，又考虑到前一次训练的非支持向量很有可能成为下一次训练的支持向量，本章基于每一类样本点的密度设置广义扩展因子，通过广义扩展因子构造新的 KKT 条件，找到原数据集和新增数据集中违反广义 KKT 条件的数据对象，重新训练新的分类模型，并对符合原 GKKT 条件但违背新 KKT 条件的新增数据对象进行筛选，然后对分类模型进行二次修正，最后得到性能更好的分类模型。

6.4.1 GKKT 扩展因子设置

设原正、负类数据集中满足 $y_i \cdot f(x_i) > 1$ 的所有元素(即位于间隔外的所有样本点)组成的集合分别为 T_+、T_-，T_+、T_- 中的数据对象越密集，分类模型的间隔边界离该类的中心就越近，其边界附近的非支持向量也就越多。所以，根据每一类样本点的分布密度值的大小分别控制广义 KKT 扩展因子的选取，可以更加有效的选择有用信息。由此，可用公式(6-6)来计算正类或负类样本的广义 KKT 扩展因子：

$\delta_+ = 1-\rho_+$ 或 $\delta_- = 1-\rho_-$，其中，

$$\rho_+ = \frac{\sum_{i=1}^{n_+} d_{i+}}{n_+ \cdot d_{\max+}}, \quad \rho_- = \frac{\sum_{i=1}^{n_-} d_{i-}}{n_- \cdot d_{\max-}} \tag{6-6}$$

式中，ρ_+、ρ_- 分别为正负两类数据集 T_+、T_- 的分布密度。$d_{i+} = \| x_{i+} - c_{i+} \|$、$d_{i-} = \| x_{i-} - c_{i-} \|$ 分别为集合 T_+ 中第 i 个样本与正类中心 c_{i+} 的距离以及集合 T_- 中第 i 个样本与负类中心 c_{i-} 的距离；n_+、n_- 分别为集合 T_+、T_- 的样本点个数；$d_{\max+}$、$d_{\max-}$ 分别为集合 T_+、T_- 中所有元素与对应类中心的最大距离。设集合 A 中正负类样本数目分别为：l_+、l_-，则正负类的类中心分别为：

$$c_{i+} = \frac{1}{l_+}\sum_{i=1}^{l_+} x_{i+}, \quad c_{i-} = \frac{1}{l_-}\sum_{i=1}^{l_-} x_{i-} \tag{6-7}$$

由此，满足式(6-8)的样本，即为新的违反广义 GKKT 条件的样本：

$$y \cdot f(x) \leqslant 1+\delta = 1+(1-\rho),\ \delta \in \{\delta_+,\ \delta_-\},\ \rho \in \{\rho_+,\ \rho_-\} \tag{6-8}$$

6.4.2 分类器的二次修正

对于 ISVM 的研究，很多学者都提出了关于初次训练的非支持向量很有可能成为下一次训练支持向量的观点，特别强调了在分类决策面附近的非支持向量成为新的支持向量的可能性更大，但是，有可能忽略了其中一点，那就是：当新的样本点加入时，如果在新样本中存在违背 GKKT 条件的数据对象，分类器将发生改变，此时，即使我们最大限度地把新增数据集连同初始数据集中所有违背 GKKT 条件的数据对象放到一起训练新分类器，也可能会“漏掉”部分有用样本，因为，分布不均匀的样本集可能会获得较小的广义扩展因子 δ，由于 δ 取值很小就可能会使得部分新增“有用”样本点被遗漏。

图 6-2 中，▪表示初始正类样本点，▫表示初始负类样本点，●表示新增的正类样本点，○表示新增的负类样本点。因为，δ 的引入使得新增的正类样本点 P_1、P_2、P_3 违背了原分类 GTTK 条件；但是，对新增正样本点 P_4、P_5、P_6 来说，它们符合原 GTTK 条件却违背了新 KKT 条件；同理，新增的负类样本点 N_1、N_2、N_3、N_4 违背了原分类 GTTK 条件，但是新增负类样本点 N_5、N_6 符合原 GTTK 条件却违背了新 KKT 条件。如果只是将原数据集和新增样本中所有违反原 GTTK 条件的样本点找到添加到支持向量集中，还可能会把部分对新分类器有作用的新增

样本点 P_4、P_5、P_6 和 N_5、N_6 遗漏掉。

为了避免上述情况的发生，需要在训练形成新的分类器之后，还要根据新的分类模型的 KKT 条件进行分类器的二次修正，这样既避免使用全部数据进行二次训练从而降低分类效率，又能够保证最大限度地不丢掉有用的信息，从而进一步提高分类器的性能。为此，本章提出了基于广义 KKT 条件的 ISVM 算法——GGKKT-ISVM 算法。

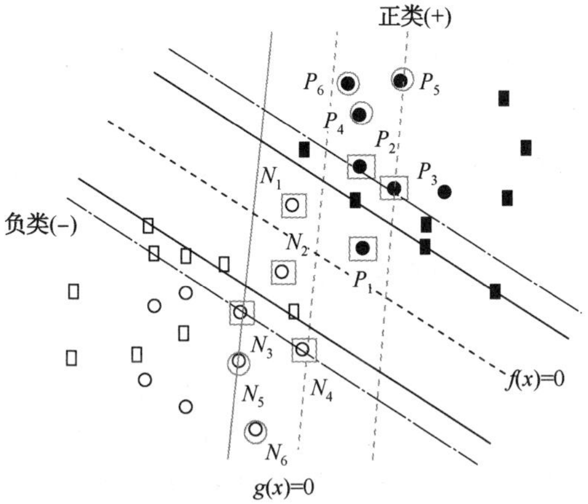

图 6-2　符合原分类器违背新分类器的样本

图 6-2 中，$f(x)=0$ 表示原分类超平面，由于新样本的加入使得分类超平面发生了改变，$g(x)=0$ 表示新的分类超平面。■表示原正类数据对象，□表示原负类数据样本，●表示新增的正类数据对象，○表示新增的负类数据对象，◉表示新增的正类样本中符合原分类 GKKT 条件但是违背新分类 KKT 条件的数据对象，如图中的 P_4、P_5、P_6；◎表示新增的负类样本中符合原分类 GKKT 条件但是违背新分类 KKT 条件的数据对象，如图中的 N_5、N_6。▣表示新增正类样本中违反了原分类 GKKT 条件的数据对象，如图中的 P_1、P_2、P_3；回表示新增负类样本中违反了原分类 GKKT 条件的数据对象，如图中的 N_1、N_2、N_3、N_4。

6.4.3　GGKKT-ISVM 算法步骤

本章提出的基于广义扩展因子的 ISVM 学习算法——GGKKT-ISVM 算法如下：

前提：假设 U 为初始样本集，$U_i(i=1, 2, \cdots, n)$ 为新增样本集，集合 $U \cup U_i(i=1, 2, \cdots, n)$ 中满足 $y_i \cdot f(x_i)>1$ 的所有正、负样本点（即位于间隔外的所有样本点）的集合分别为 T_+、T_-；

算法目标：寻找基于 $U \cup U_i$ 的 SVM 分类器。

算法流程：

Step1. 用 U 中的样本点训练分类器 Old-classifier，得到分类预测函数 $f_0(x)$ 和支持向量 SV_0。

Step2. 利用公式(6-6)分别计算集合 T_+、T_- 中各类样本点的密度，进而得到正负类样本点的广义扩展因子。

Step3. 依据公式(6-8)，若新增数据集 U_i 中有违背 GKKT 条件的对象，将这些数据放入集合 B_1 中，将其余对象放入集合 B_2 中，然后进入 Step4；否则若没有违背 GKKT 条件的数据对象，算法结束，Old-classifier 为最后获取的分类器。

Step4. 对于原始数据集 U，选择违背 GKKT 条件的数据对象和集合 B_1 中的样本放到一起，重新构造支持向量集 SV_1。

Step 5. 使用 SV_1 集合中的样本训练形成新的分类器 New-classifier，得到新的分类预测函数 $f_1(x)$。

Step6. 分类器的修正：

Step6. 1. 如果 B_2 中所有样本均符合 New-classifier 的 KKT 条件，则 New-classifier 不变，转向 Step7；如果 B_2 中有数据对象违反 New-classifier 的 KKT 条件，则将它们放入集合 Add 中。

Step6. 2. 用集合 $SV_1 \cup Add$ 中的数据再次训练，得到最终的分类模型 New-classifier1，获得新的分类预测函数 $f_2(x)$ 和支持向量集 SV_2。

Step7. 当再次获得新样本时，重复执行步骤 Step2-Step6，更新 SVM 分类器。

6.5 数值实验及结果

为了验证该算法的分类效果和分类精度，进行了仿真实验。本实验采用高斯径向基 RBF 核函数，分别设置了下列三种不同的参数配置：$C=200$，$g=3.0$；$C=200$，$g=4.0$ 以及 $C=200$，$g=5.0$[其中，C 为 SVM 分类模型中的惩罚因子；g 为公式(2-75) RBF 核函数中的参数 σ]。采用本章提出的新算法——GGKKT-ISVM 与 6.4 节提到的 Simple-ISVM、PISVM 和 S-ISVM 算法进行比较，并选用 UCI 和 KEEL 等公共数据库的数据集进行测试。实验证明，相对于 Simple-ISVM、PISVM 和 S-ISVM 算法，本章提出的 GGKKT-ISVM 改进算法具有较好的分类精度。

本实验使用的公共数据集及其数据特征见表 6-1。

表 6-1 本实验所使用的公共数据集及特征简介

数据集名字	数据维数	样本容量
WDBC	30	569
Banana	2	5300
German credit data(German)	24	1000
Cloud	10	1024
Mammographic	4	748
WBC	9	683
Magic	10	2500

本实验采用五折交叉验证算法选取训练集和测试集。在交叉验证选取训练集和测试集的过程中，先将每一个样本集平均分为 5 份，轮换选取其中的 1 份作为每次实验的测试集。每次选好测试集之后，对剩余的 4 份样本集，选用其中的 1 份作为初始训练集，然后每一次再将其中的 1 份样本作为增量数据，此增量学习过程重复 3 次。最后，取各次实验的平均精度作为结果。

分别将算法 Simple-ISVM、PISVM 和 S-ISVM 以及本章的 GGKKT-ISVM 算法对应简记为：算法 1~算法 4，每次增量学习后的分类精度见表 6-2~表 6-8。

表 6-2 各 ISVM 算法对数据集 Banana 的分类精度

	$C=200$，$g=3.0$				$C=200$，$g=4.0$				$C=200$，$g=5.0$			
次数	算法 1	算法 2	算法 3	算法 4	算法 1	算法 2	算法 3	算法 4	算法 1	算法 2	算法 3	算法 4
1	0.774	0.782	0.710	0.818	0.684	0.672	0.654	0.684	0.684	0.620	0.586	0.688
2	0.855	0.792	0.701	0.866	0.710	0.672	0.652	0.726	0.678	0.622	0.594	0.684
3	0.856	0.796	0.722	0.870	0.766	0.671	0.662	0.766	0.690	0.623	0.598	0.689

表 6-3 各 ISVM 算法对数据集 WDBC 的分类精度

	$C=200$，$g=3.0$				$C=200$，$g=4.0$				$C=200$，$g=5.0$			
次数	算法 1	算法 2	算法 3	算法 4	算法 1	算法 2	算法 3	算法 4	算法 1	算法 2	算法 3	算法 4
1	0.924	0.890	0.899	0.922	0.930	0.910	0.908	0.930	0.940	0.904	0.918	0.926
2	0.954	0.922	0.888	0.956	0.954	0.932	0.908	0.950	0.952	0.942	0.916	0.954
3	0.960	0.932	0.844	0.960	0.952	0.934	0.914	0.960	0.948	0.940	0.906	0.956

表 6-4　各 ISVM 算法对数据集 German 的分类精度

	$C=200$，$g=3.0$				$C=200$，$g=4.0$				$C=200$，$g=5.0$			
次数	算法 1	算法 2	算法 3	算法 4	算法 1	算法 2	算法 3	算法 4	算法 1	算法 2	算法 3	算法 4
1	0.726	0.698	0.710	0.730	0.652	0.652	0.672	0.660	0.692	0.674	0.710	0.700
2	0.722	0.702	0.710	0.726	0.620	0.654	0.682	0.683	0.700	0.654	0.715	0.716
3	0.722	0.702	0.708	0.727	0.636	0.656	0.722	0.690	0.701	0.654	0.715	0.717

表 6-5　各 ISVM 算法对数据集 Cloud 的分类精度

	$C=200$，$g=3.0$				$C=200$，$g=4.0$				$C=200$，$g=5.0$			
次数	算法 1	算法 2	算法 3	算法 4	算法 1	算法 2	算法 3	算法 4	算法 1	算法 2	算法 3	算法 4
1	0.940	0.844	0.900	0.940	0.950	0.858	0.926	0.906	0.951	0.894	0.850	0.950
2	0.956	0.844	0.890	0.940	0.952	0.858	0.936	0.946	0.960	0.894	0.894	0.961
3	0.980	0.844	0.896	0.982	0.976	0.858	0.938	0.981	0.970	0.894	0.940	0.984

表 6-6　各 ISVM 算法对数据集 Mammographic 的分类精度

	$C=200$，$g=3.0$				$C=200$，$g=4.0$				$C=200$，$g=5.0$			
次数	算法 1	算法 2	算法 3	算法 4	算法 1	算法 2	算法 3	算法 4	算法 1	算法 2	算法 3	算法 4
1	0.744	0.672	0.688	0.710	0.640	0.724	0.670	0.630	0.660	0.658	0.674	0.690
2	0.724	0.672	0.704	0.725	0.730	0.754	0.676	0.756	0.740	0.680	0.672	0.754
3	0.742	0.618	0.710	0.752	0.772	0.680	0.678	0.774	0.740	0.679	0.678	0.755

表 6-7　各 ISVM 算法对数据集 WBC 的分类精度

	$C=200$，$g=3.0$				$C=200$，$g=4.0$				$C=200$，$g=5.0$			
次数	算法 1	算法 2	算法 3	算法 4	算法 1	算法 2	算法 3	算法 4	算法 1	算法 2	算法 3	算法 4
1	0.946	0.952	0.964	0.944	0.930	0.932	0.936	0.936	0.934	0.916	0.928	0.928
2	0.928	0.952	0.956	0.960	0.928	0.932	0.946	0.946	0.936	0.914	0.938	0.938
3	0.926	0.952	0.962	0.962	0.934	0.932	0.948	0.946	0.928	0.908	0.946	0.949

表 6-8 各 ISVM 算法对数据集 Magic 的分类精度

C=200，g=3.0				C=200，g=4.0				C=200，g=5.0				
次数	算法 1	算法 2	算法 3	算法 4	算法 1	算法 2	算法 3	算法 4	算法 1	算法 2	算法 3	算法 4
1	0.820	0.820	0.824	0.842	0.828	0.846	0.864	0.876	0.786	0.740	0.840	0.832
2	0.820	0.820	0.852	0.852	0.828	0.852	0.878	0.877	0.768	0.736	0.840	0.858
3	0.810	0.830	0.874	0.876	0.831	0.852	0.874	0.875	0.804	0.770	0.860	0.862

图 6-3(a)~(d)分别为 C = 200，g = 5.0 时，四种 ISVM 算法对数据集 WDBC、Mammographic、Cloud 以及 Magic 在 3 次增量学习中的分类精度折线图。从图中可以看出，针对上述 4 个数据集，相对于其他 3 个 ISVM 分类算法，本章提出的 GGKKT-ISVM 算法随着增量学习次数的增加，分类精度呈上升趋势，并且具有较好的稳定性和分类精度。

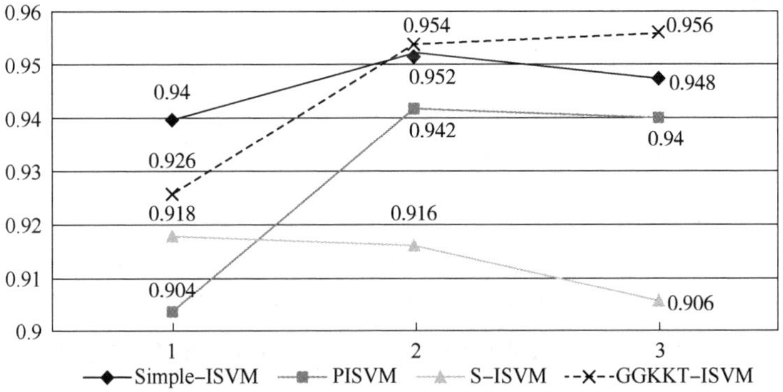

(a)四种ISVM算法对数据集WDBC的分类精度

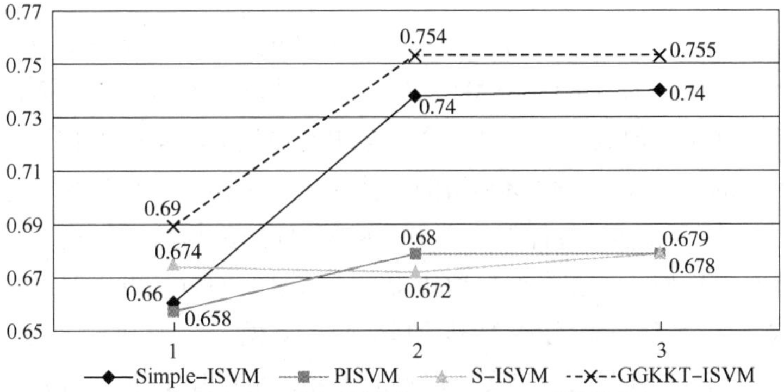

(b)四种ISVM算法对数据集Mammographic的分类精度

图 6-3 四种 ISVM 算法对 4 个数据集在 3 次增量学习中的分类精度

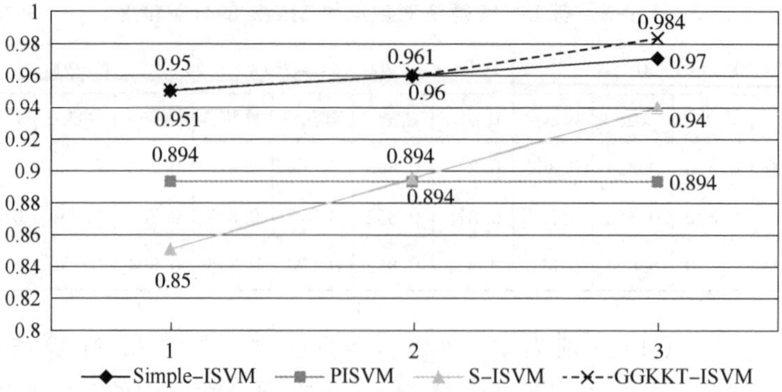

(c)四种ISVM算法对数据集Cloud的分类精度

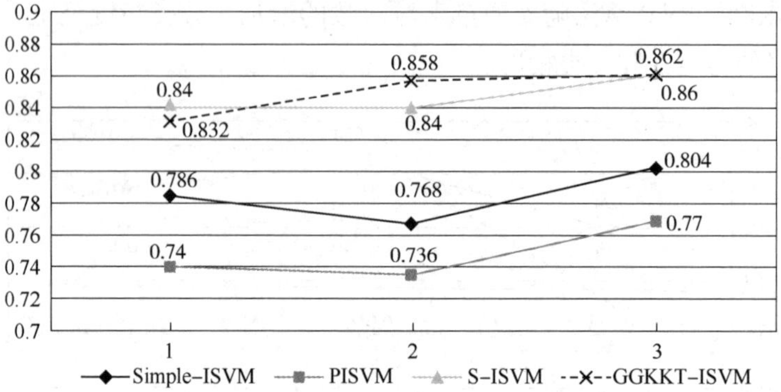

(d)四种ISVM算法对数据集Magic的分类精度

图 6-3　四种 ISVM 算法对 4 个数据集在 3 次增量学习中的分类精度(续)

6.6　本章小结

由本章的实验结果可以看出，大部分数据的分类精度会随着学习次数的增加而提高。本章提出的 GGKKT-ISVM 算法，在利用分布密度设置广义扩展因子的基础上，有效地选择原数据集和新增数据集中与原始 GKKT 条件相违背且位于分类决策面附近的样本实例，保留到新的支持向量集中作为训练集来构造新的分类模型，并对符合原 GKKT 条件但违背新 KKT 条件的新加入数据进行筛选，然后对分类器进行二次修正，在有效保留历史分类信息的同时又可以对新数据进行实时学习，构造了具有较高分类精度的动态分类模型。改进后的算法避免了 Simple-ISVM 算法中对有用的非支持向量的丢弃，也避免了由于 PISVM 算法每次只添加一个或两个样本而导致的决策平面产生偏移的现象。实验证明：相对于其他的 ISVM 算法，GGKKT-ISVM 算法构造的分类模型具有较好的分类准确性。

参 考 文 献

[1] Ahmed Nadeem, Huan S, Liu K, et al. Incremental Learning with Support Vector Machines[C]. IEEE International Conference on Data Mining. Piscataway: IEEE Press, 1999: 1104-1105.

[2] Cheng S X, Shih F Y. An improved incremental training algorithm for support vector machines using active query[J]. Pattern Recognition, 2007, 40(3): 964-971.

[3] Wang J, Zhang W, Qin B, et al. Product Quality Modelling Based on Incremental Support Vector Machine[J]. Journal of Physics: Conference Series, 2012, 364: 012101.

[4] Sun G, Chen T, Su Y, et al. Internet Traffic Classification Based on Incremental Support Vector Machines[J]. Mobile Networks & Applications, 2018, 23(4): 789-796.

[5] Mello A R, Stemmer M R, Koerich A L. Incremental and decremental fuzzy bounded twin support vector machine[J]. Information Sciences, 2020, 526: 20-38.

[6] 唐庭龙. 支持向量机增量学习研究[D]. 杭州：浙江工业大学，2018：53-64.

[7] Hou C, Zhou Z H. One-Pass Learning with Incremental and Decremental Features[J]. IEEE Transactions on Pattern Analysis & Machine Intelligence, 2016, PP(99): 1-1.

[8] Da Q, Yu Y, Zhou Z H. Learning with augmented class by exploiting unlabeled data[J]. In Twenty-Eighth AAAI Conference on Artificial Intelligence, Quebec, Canada, 2014: 1760-1766.

[9] Mu X, Ming K, Zhou Z H. Classification under Streaming Emerging New Classes: A Solution using Completely-random Trees[J]. IEEE Transactions on Knowledge & Data Engineering, 2017, PP(99): 1605-1618.

[10] 萧嵘，王继成，孙正兴，等. 一种SVM增量学习算法[J]. 南京大学学报(自然科学版)，2002，38(2)：152-157.

[11] Wang W J. A redundant incremental learning algorithm for SVM[C]. International Conference on Machine Learning & Cybernetics, 2008: 734-738.

[12] 姚明海，林宣民，王宪保. 一种基于局部敏感哈希的SVM快速增量学习算法[J]. 计算机科学，2017，44(B11)：88-91.

[13] Zhang X, Zhao J M, Ten H Z, et al. A novel faults detection method for rolling bearing based on RCMDE and ISVM[J]. Journal of Vibroengineering, 2019, 21(8): 2148-2158.

[14] 陈桂军. 基于支持向量机的异常检测关键问题研究及应用[D]. 太原：太原理工大学，2016：75-88.

[15] 李妍坊，苏波，刘功申. 一种基于组合保留集的SVM增量学习算法[J]. 上海交通大学学报，2016(7)：1054-1059.

[16] 李鲁英. 基于鲁棒性的支持向量机增量学习的研究[D]. 武汉：武汉纺织大学，2018：5-48.

[17] 曾文华，马健. 一种新的支持向量机增量学习算法[J]. 厦门大学学报(自然科学版)，2002，41(6)：687-691.

[18] 周伟达，张莉，焦李成. 支撑向量机推广能力分析[J]. 电子学报，2001，29(5)：590-594.

[19] 王晓丹，郑春颖，吴崇明. 一种新的SVM对等增量学习算法[J]. 计算机应用，2006，26(10)：2440-2443.

[20] Syed N A，Liu H，Sung K K. Handling concept drifts in incremental learning with support vector machines[J]. In ACM SIGKDD International Conference on Knowledge Discovery and Data Mining，1999：317-321.

[21] 潘世超. 增量支持向量机学习算法研究[D]. 太原：山西大学，2015：1-15.

7 基于聚类中心直径的 ISVM 算法对于动态数据的分类研究

针对增量学习问题，本书第 6 章提出了基于 GKKT 条件的改进 ISVM 算法，该算法在利用分布密度设置新的广义扩展因子的基础上，根据 Lagrange 乘子找出原始或者新增数据中违反 GKKT 条件的样本，从而更新支持向量集，得到新的 SVM 分类模型；然后对符合原 GKKT 条件但违背新 KKT 条件的新加入数据进行筛选，即对分类器进行二次修正，确保所有“有用”的样本点都加入训练集中，再次训练分类模型。目前，国内外对于 ISVM 算法的很多研究主要集中在支持向量(SV)的优选上，主要分为两大类：一类是基于 KKT 条件的增量学习策略；另一类是基于样本选择策略的增量学习算法。

基于 KKT 条件的增量学习策略是根据原始输入数据，首先训练初始分类器，然后根据 Lagrange 乘子找出原始或者新增数据中违反 KKT 条件的样本，从而更新支持向量集，得到新的 SVM 分类模型。例如：本书第 6 章提出的 GGKKT-ISVM 算法；文献[1]利用 KKT 条件对增量样本进行筛选，选取违反 KKT 条件的样本作为“有用”样本，剔除“无用”样本，此外，为了保证剔除的样本为冗余样本，进一步采用超球结构的方法对样本进行第二次筛选，将超球范围内的样本作为有用样本，剔除冗余样本，最后将选取的样本进行合并，对 SVM 进行更新训练；文献[2]提出了基于广义 KKT 条件优选支持向量集的 ISVM 算法；文献[3]将粗糙集的属性约简与 ISVM 较强泛化能力相结合，建立一种基于 RS-ISVM 的网络入侵检测系统模型，并充分利用广义 KKT 条件作为判断标准，来提高分类的精度和节约训练时间；文献[4]为了适应海量数据的精确分类，提出了一种基于保留集组合的 ISVM 学习算法，该算法以构建保留集为基础，对原训练集样本和增量样本集中满足 KKT 条件的样本分别进行部分保留，并赋予样本权重，再依据权重挑选部分保留样本与原支持向量集和增量样本中违背 KKT 条件的样本合并进行训练，构造分类器。

基于样本选择策略的增量学习算法是通过训练初始分类器，将得到的 SV 和有可能成为SV的边界向量合并成新的训练样本，再次求解二次规划问题，得到新的决策函数。例如：文献[5]通过在增量学习中使用SV集与训练样本集的分类等价性，使得新的增量训练无须在整个训练样本空间进行，在保证分类精度的前提下提高了训练效率；文献[6]采用基于模糊C均值聚类和中心密度的ISVM算法，利用模糊C均值聚类判定支持向量，得出精选支持向量集；利用中心密度比值判定非支持向量得出精选非支持向量集，将原样本中的支持向量集和精选非支持向量集加上增量样本中的精选支持向量集和精选非支持向量集构建分类器，从而提高分类精度。

基于以上研究，本章提出了一种新的增量学习算法，即基于聚类中心直径的SVM增量学习算法(CD-ISVM)。该算法首先计算正负类样本的中心，再由类中心的坐标去构建边界向量集，并结合KKT条件对增量数据和边界向量集进行筛选并反馈信息调整边界向量集的位置，然后取SV集与边界向量集的并集作为训练集，经过多次增量，最终训练出泛化性较强的分类器。

7.1 基于聚类中心直径的SVM增量学习算法(CD-ISVM算法)

7.1.1 CD-ISVM算法简述

由于传统ISVM算法存在效率低、受内存限制、泛化性较差等缺点，很多学者都对其做了进一步的优化与改进。本章在前人研究的基础上对SVM增量学习算法做了一些改进，提出了基于聚类中心直径的增量学习算法(CD-ISVM)，使得算法在分类精度及分类效率等方面有了一定的提高。

本章采用的CD-ISVM算法在处理初始样本数据时结合了聚类的思路，基于聚类算法，得到样本的簇中心。提取具有最大分类信息的两个数据维度，以正类和负类样本的簇中心连线作为直径d，划取椭圆域作为边界向量的提取域，以落入边界域内的样本点作为初始训练集进行SVM训练，得到初始支持向量集。对于新增加的样本点，首先使用KKT条件筛选，判断其是否违背KKT条件，对于违背KKT条件的点集，通过其包含的几何知识修正椭圆域的范围，即由这些点集构建的正负类中心与前一次类中心做均值，得到更新后的类中心坐标，并根据这些点与正负类中心直径的比值加权和来确定新的边界向量集的直径大小。由此得到新一轮的增量学习集，然后与上一轮的SV集一起进行新一轮SVM训练，循环该过程，直到训练完所有样本数据。

7.1.2 边界向量选取

设正负两类样本点集合分别为：$\{x_i^+\}$（$i=1, 2, \cdots, n^+$）和$\{x_j^-\}$（$j=1, 2, \cdots, n^-$）。CD-ISVM算法首先要通过计算样本点之间的平均距离来得到正负类中心，一般对于数据集中的样本点，其中心定义为：

$$C_i=\frac{1}{n}\sum_{i=1}^{n}\varphi(x_i)(i=1, 2, \cdots, n) \tag{7-1}$$

对任意2个n维样本点$x_1=(x_{11}, x_{12}, \cdots, x_{1n})$，$x_2=(x_{21}, x_{22}, \cdots, x_{2n})$，在原始向量空间中利用欧式距离来定义它们之间的距离：

$$d(x_1, x_2)=\|x_1-x_2\|_2=\sqrt{\sum_{i=1}^{n}(x_{2i}-x_{1i})^2} \tag{7-2}$$

可以得到正类和负类数据的中心点坐标分别为：

$$C_+=\frac{1}{n^+}\sum x^+,\ C_-=\frac{1}{n^-}\sum x^- \tag{7-3}$$

按照上述方法得到了正负两类样本中心坐标，以这两个中心坐标之间的距离d为直径，在特征空间中划取椭圆域作为边界向量范围。

定义参数σ、μ（σ初始值为1，μ初始值为0）为划分边界向量集大小的参数，根据数据集的不同分布，动态调整边界向量范围大小和位置，使得落在该区域中具有分类特征信息的数据点尽可能得多。

定义7.1 根据欧式空间上向量的坐标运算，得到边界向量集的中心点坐标x_{center}：

$$x_{center}=\frac{1-0.1\mu}{2}(C_+ + C_-) \tag{7-4}$$

式中，参数μ用来修正中心点的位置，使得落入边界向量集的有效数据点尽可能多，其定义见式(7-10)。

定义7.2 对于边界向量集的轴长a和b，得到其定义为：

$$b=\sigma d(C_+, C_-) \tag{7-5}$$

$$a=2b \tag{7-6}$$

式中，σ为边界向量集的适应性参数，根据数据集不同的分布特征，调整和修正边界向量集的宽度，$d(C_+, C_-)$为正负样本中心点的距离。

定义7.3 定义轴长d与坐标轴x正半轴的夹角为θ_e，取空间中的一个基向量$e_1=(1, 0)$与边界向量集的方向向量做内积，则可得到夹角θ_e的表达式为：

$$\theta_e = \arccos\left[\frac{e_1 \cdot (C_+ - C_-)}{d(C_+,\ C_-)}\right] \tag{7-7}$$

式中，$(C_+ - C_-)$为边界向量集的方向向量，即正负中心点坐标之差。

根据上述参数，得到椭圆域如图 7-1 所示，位于此椭圆内的数据集定义为边界向量集，星形符号表示正负类的中心坐标，阴影范围则表示边界向量集。在 CD-SVM 算法中，每次新增样本时，边界向量集将代替传统 ISVM 算法中的 SV 集作为训练样本再次训练分类器。

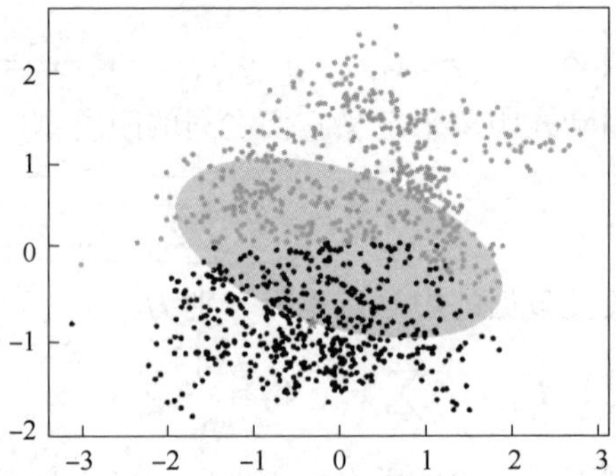

图 7-1　边界向量集

7.1.3　训练集的确定

基于 7.2.2 的描述，本书选定了边界向量集再次训练分类器。

① 对于新增样本点 x_i，计算其正负类中心的坐标，与上一次运算得到的类中心坐标进行合并，得到新的类中心坐标。即

$$\begin{cases} x_+ = \dfrac{1}{n_b^+ + n_a^+}(n_b^+ \cdot C_+ + n_a^+ \cdot C_+^{Add}) \\ x_- = \dfrac{1}{n_b^- + n_a^-}(n_b^- \cdot C_- + n_a^- \cdot C_-^{Add}) \end{cases} \tag{7-8}$$

式中，C_+^{Add}、C_-^{Add}分别为新增数据集的正负类中心；C_+、C_-分别为原数据集正、负类中心；n_b^+、n_a^+ 分别为原数据集和新增数据集的正类样本数量；n_b^-、n_a^-分别为原数据集和新增数据集的负类样本数量。

同时计算新增 x_i 到正类簇中心 C_+和负类簇中心 C_-的距离比，记为 S_i，可定义为：

$$S_i = \frac{d_+(x_i,\ C_+)}{d_-(x_i,\ C_-)} \tag{7-9}$$

可利用 S_i 来量化新增测试数据样本点 x_i 与正类、负类数据中心之间联系的紧密程度，即 $S_i>1$ 时表明该样本靠近负类，$S_i<1$ 时表示该样本靠近正类，对所有新增加的数据集，定义：

$$\mu = \frac{1}{n_a}\sum_{i=1}^{n_a} 1 - S_i \tag{7-10}$$

式中，n_a 为新增样本数据个数，参数 μ 则可以描述新增样本的分布靠近正负类中心的程度。由此使得边界向量区域向新增样本点少的一类移动，使正负类数据在训练时较为平衡。

② 利用上述参数，构造新的边界向量集，使其对新增的数据更具有适应性，然后判断增量数据 x_i 是否属于边界向量集。对落在边界向量区域内的数据，将其添加进边界向量集进行下一步的计算。

③ 更新边界向量集。为了精确描述数据的边界状况，对之前训练好的支持向量机，找到其所有支持向量，将其添加进边界向量集中，如图 7-2 所示。

通过上述 3 步可以筛选出边界向量集作为训练集，进行 SVM 分类器的增量训练。

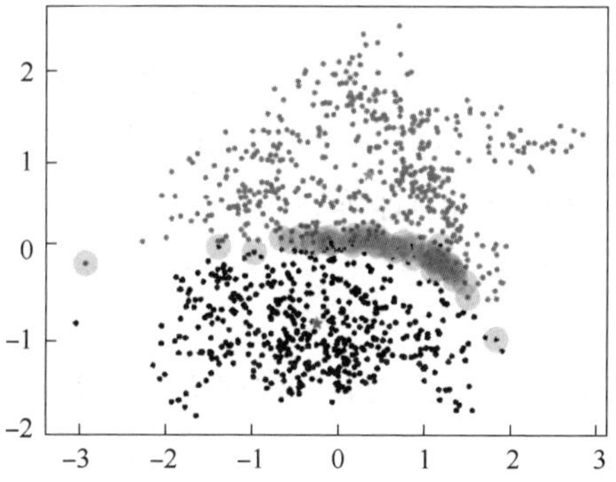

图 7-2 全体支持向量

7.1.4 CD-ISVM 算法步骤

基于上述分析，本章提出了一种新的支持向量机增量学习方法——CD-ISVM 算法。该算法尽最大可能地保留可能转变为支持向量的部分数据集，抛弃对分类器训练无用的样本，在保证算法精度的同时提高算法的分类效率。

算法具体过程描述如下：

前提：假设 $T=\{(x_1, y_1), (x_2, y_2), \cdots, (x_n, y_n)\}$，$x_i \in R^n$，$y_i \in \{-1, 1\}$，$i=1, 2, \cdots, n$ 为初始样本集，T_+ 为新增样本集；

算法目标：寻找基于 $T \cup T_+$ 的 SVM 分类器。

Step1：根据正负类中心求出边界向量集 B。

Step2：对集合 B 进行 SVM 训练，得 SV 集，分类器记为 S。

Step3：检查增量集是否存在，如果没有，则算法结束，S 为最终的分类器，否则，进入 Step4。

Step4：对于新增加的数据集，首先判断是否有违背 KKT 条件的数据点，若没有，则算法结束，S 为最终分类器，否则，将违背 KKT 条件的点加入向量集 T^* 中。

Step5：对 T^* 中的样本点求正负类中心，并与原类中心平均，得到新的正负类中心。

Step6：由新的类中心，求正负距离中心比，进而更新参数 μ。

Step7：由类中心坐标和参数 μ 构建新的边界向量集 B^*，并将 SV 集一同加入 B^* 中。

Step8：令 $B=B^* \cup T^*$，转至 Step2。

7.2 数值实验与结果

本章在上述提出的 CD-ISVM 算法的基础上进行仿真实验，采用不同数量、具有不同分布特征的数据集对该增量学习算法进行仿真实验和分析实验结果，并对算法优劣以及可靠性进行分析与评价。

7.2.1 实验数据集

本书选用 UCI 库中的部分经典二分类数据集进行实验，实验数据集的具体信息见表 7-1。

表 7-1 实验所用的数据集描述

数据集	训练样本容量	测试样本容量
breast_ cancer	2000	770
heart	4250	2500
mushroom	5644	1000
splice	10875	5000
thyroid	2800	1500
titanic	10255	750

7.2.2 实验结果及分析

为了更好地验证本章所提出的 CD-ISVM 增量学习算法是否有效，使用表 7-1中数据集进行仿真实验，并将该算法与本书第 6 章提到的 Simple-ISVM 算法、本书第 6 章提出的 GGKKT-ISVM 算法[7]以及 CSV-ISVM 算法[8]在分类精度、稳定性、训练时间等方面进行对比，来充分评估 CD-ISVM 算法的性能。

(1) 参数取值

本实验采用高斯径向基核函数 RBF，为了能更有效地提升算法的分类精度，实验对核函数参数 g 进行优化搜索。现对表 7-1 中的 5 个数据集：breast_cancer，heart，mushroom，splice，thyroid 各抽取 300 个测试样本，在 RBF 函数中的 g 参数(g 为高斯径向基核参数 σ)的不同取值下进行测试，其实验结果如图 7-3 所示。

由图 7-3 可以看出，当参数 g 的取值在 10 附近时，上述 5 个数据集的分类精度基本稳定。因此，在后续实验过程中，设置 RBF 核函数的核参数 $g=10$，并设置惩罚因子 C = 200。在此参数取值下做 ISVM 训练，最后得到精度较高的分类器。

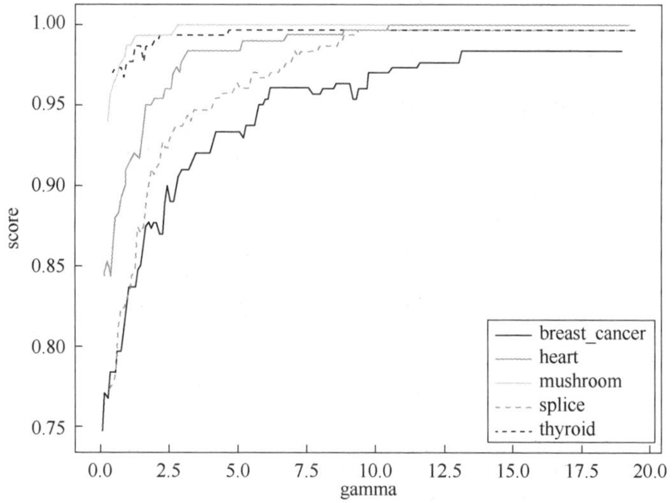

图 7-3　不同 g 值下 SVM 的分类精度

(2) 实验结果

实验对比了本书第 6 章提到的 Simple-ISVM 算法、本书第 6 章提出的 GGKKT-ISVM 算法[7]、文献[8]提出的 CSV-ISVM 算法以及本章所提出的 CD-

ISVM 算法对表 7-1 列出的 6 个数据集的训练结果。实验中，上述四种 ISVM 算法初始训练数据集均选取 500 个样本点，每次新增 500 个数据进行增量学习，得到的结果见表 7-2。

表 7-2　四种算法的分类结果

数据集	算法	最终 SV 集容量	平均精度	训练总时间	SV 平均占比
breast_ cancer	Simple-ISVM	798	0. 7613	141. 645	0. 373
	GGKKT-ISVM	422	0. 7699	179. 824	0. 438
	CSV-ISVM	766	0. 7656	323. 506	0. 429
	CD-ISVM	186	0. 7898	170. 079	0. 521
heart	Simple-ISVM	723	0. 8776	889. 443	0. 312
	GGKKT-ISVM	966	0. 8727	3187. 696	0. 369
	CSV-ISVM	353	0. 8784	1335. 916	0. 449
	CD-ISVM	927	0. 8771	5245. 976	0. 388
mushroom	Simple-ISVM	678	0. 7949	2029. 327	0. 621
	GGKKT-ISVM	465	0. 8398	4022. 733	0. 705
	CSV-ISVM	675	0. 8326	2142. 209	0. 627
	CD-ISVM	929	0. 8372	4376. 213	0. 681
splice	Simple-ISVM	2403	0. 6119	10488. 332	0. 794
	GGKKT-ISVM	1077	0. 6188	23929. 768	0. 722
	CSV-ISVM	2427	0. 6173	15972. 549	0. 811
	CD-ISVM	1308	0. 6331	20995. 218	0. 788
thyroid	Simple-ISVM	812	0. 9801	260. 872	0. 381
	GGKKT-ISVM	818	0. 9873	446. 981	0. 497
	CSV-ISVM	347	0. 9911	773. 956	0. 512
	CD-ISVM	619	0. 9966	343. 882	0. 516
titanic	Simple-ISVM	4015	0. 7783	9890. 784	0. 876
	GGKKT-ISVM	1922	0. 7737	5011. 687	0. 929
	CSV-ISVM	3007	0. 7610	5809. 999	0. 951
	CD-ISVM	1747	0. 7737	5436. 837	0. 933

表 7-2 中的结果集样本数表示最后一次增量训练时，用于 SVM 训练的样本数据个数；平均精度表示各轮训练完后得到分类超平面的精度；训练总时间表示从开始到增量结束所用时间，单位为 ms；SV 平均占比则表示各轮训练后 SV 集占本轮训练总数据集的平均值。

（3）结果分析

根据表 7-2 的结果，作出上述四种算法在平均精度、训练总时间、SV 平均占比的结果对比图，如图 7-4、图 7-5 所示。

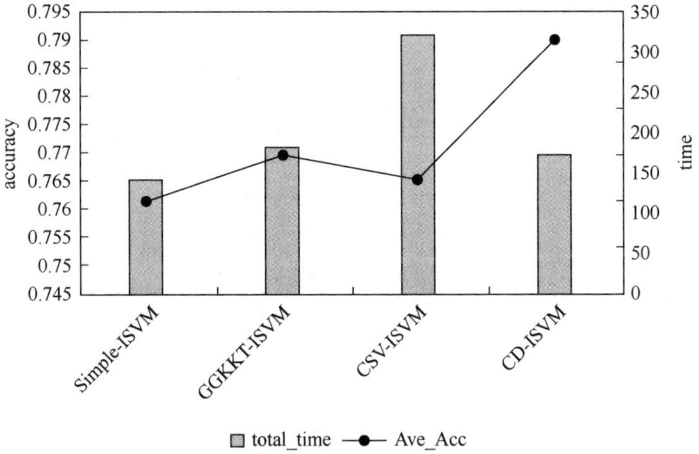

(a)breast_cancert数据集

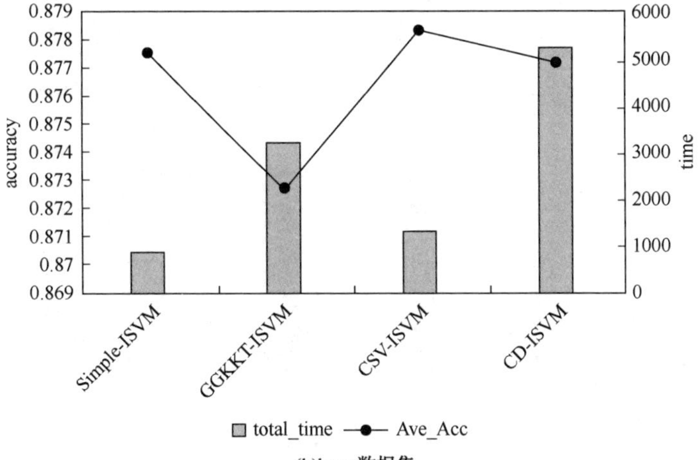

(b)heart数据集

图 7-4　不同数据集下各算法的平均精度和训练总时间对比图

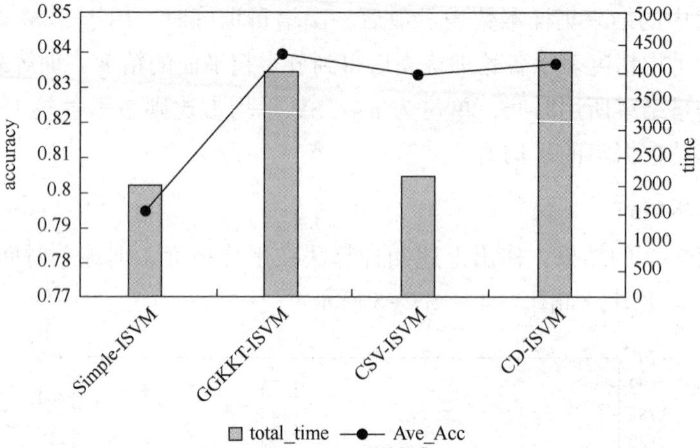

(c)mushroom数据集

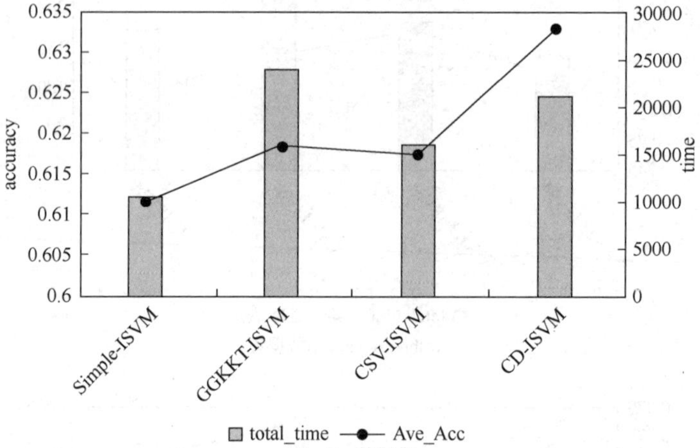

(d)splice数据集

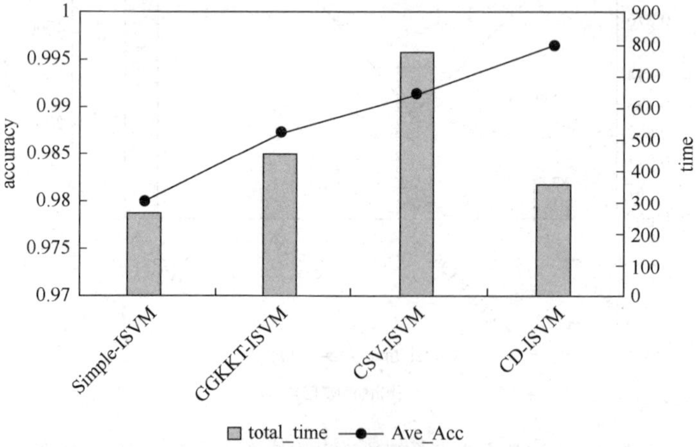

(e)thyroid数据集

图 7-4　不同数据集下各算法的平均精度和训练总时间对比图(续)

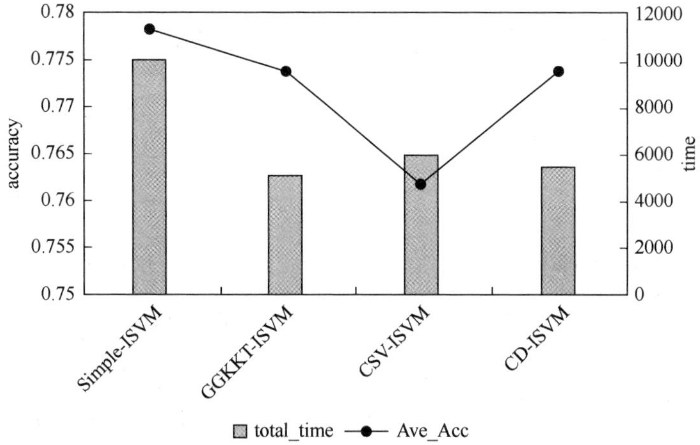

(f)titanic数据集

图 7-4 不同数据集下各算法的平均精度和训练总时间对比图(续)

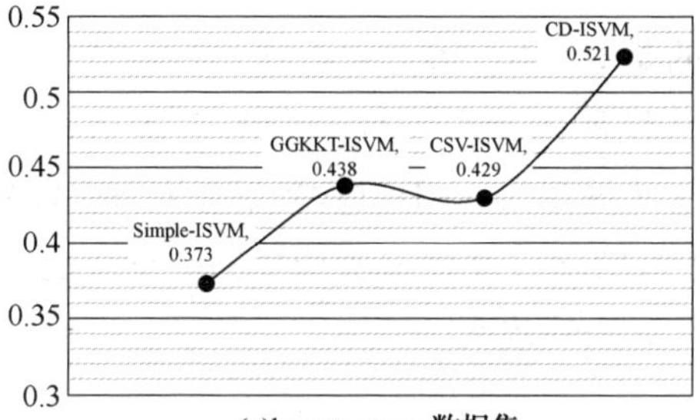

(a)breast-cancer数据集

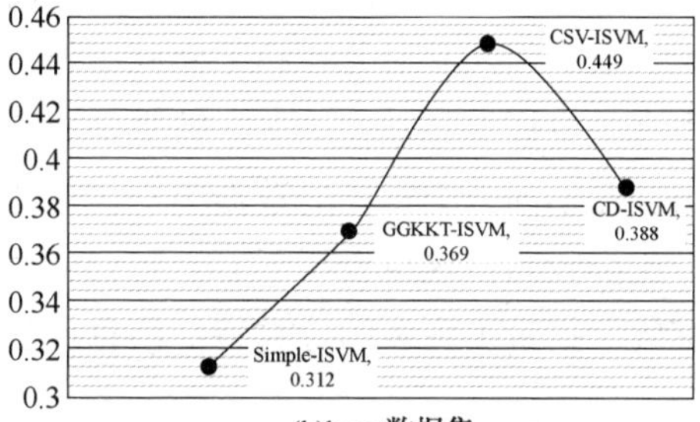

(b)heart数据集

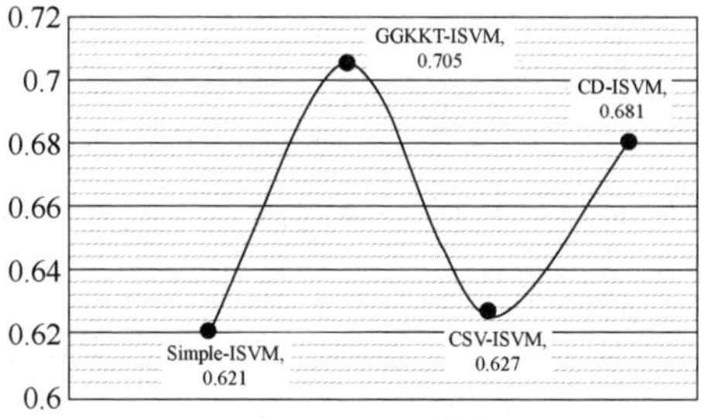

(c)mushroom数据集

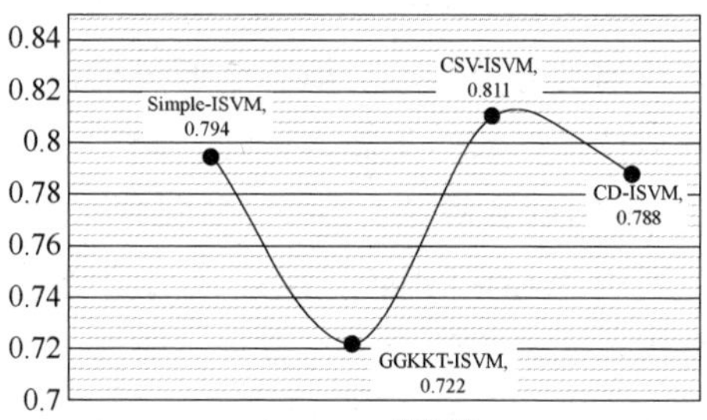

(d)splice数据集

图 7-5 不同数据集下各算法平均 SV 占比曲线

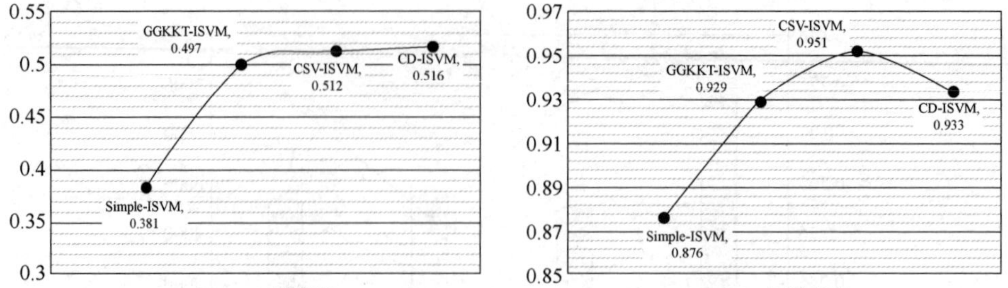

(e)thyroid数据集　　(f)titanic数据集

图 7-5　不同数据集下各算法平均 SV 占比曲线(续)

由图 7-4 可以看出，CD-ISVM 算法的平均精度较高，在不同数据集中均具有较好的分类精度，对比 Simple-ISVM 算法，在精度上有较大提升，对比 GKKT-ISVM 算法和 CSV-ISVM 算法，在某些数据集上也有一定的优势。对比几种算法的运行时间，也可以看出 CD-ISVM 算法的运行时间基本与 GKKT-ISVM 算法一致，略高于 Simple-ISVM 算法，由此可见，该算法在并没有显著增加训练时间的条件下，提高了算法的分类精度。

众所周知，对分类超平面起主要贡献的是 SV 集，因此每一次训练的样本数中有多少样本会被作为 SV 集便是影响算法性能的重要指标。由图 7-5 可以看出，在不同分类特征的数据集上，对比其他几种算法，CD-ISVM 算法的平均 SV 占比都较高。这也表明了 CD-ISVM 算法在每轮学习过程中所选择的数据集更加有效，携带了更多的分类特征信息，提高了算法的效率。

7.3　本章小结

从实验结果可以看出，本章提出的 CD-ISVM 算法在大部分数据集中都保持着较高的分类精度。该算法通过构造边界向量集来筛选数据集，将部分具有重要分类特征的数据集加入训练，减少了部分噪声点对训练结果的影响，并且改进了 Simple-ISVM 算法舍弃除 SV 集以外所有点从而导致精度下降的缺点。此外，本章提出的 CD-ISVM 算法还在每轮增量学习中通过数据集本身的几何特征动态调整边界向量集的大小与位置，改善了 CSV-ISVM 算法构建的静态边界向量所导致的分类不稳定性，从而得到了更好的分类效果。同时，该算法也并没有遗忘之前训练的结果，而是将之前训练得到的 SV 集加入新一轮训练中，修正了部分数据集过于分散导致边界向量集无法准确描述数据边界的不足，对比 GGKKT-ISVM 算法更不易受噪声点的干扰。

由于 CD-ISVM 算法在每次增量学习时是根据聚类中心直径来选择训练样本的，而聚类中心直径容易受数据集分布的影响，因此数据集的分布特征对算法的分类精度有着较大的影响。当数据集分布较为分散时，该算法找到的边界向量集较少，形成的增量集与 Simple-ISVM 算法近似相同，所以分类结果也大致相似。当数据集较为集中且具有较为明显的分类界限时，CD-ISVM 算法能在接近 Simple-ISVM 算法的训练时间里训练出具有更好分类性能的分类器。

参 考 文 献

[1] 张文兴，樊捷杰. 基于 KKT 和超球结构的增量 SVM 算法的云架构入侵检测系统[J]. 中国林业教育，2015，36(10)：9-12.

[2] 陈桂军. 基于支持向量机的异常检测关键问题研究及应用[D]. 太原：太原理工大学，2016：75-88.

[3] 李锦源，汪宏喜. 基于 RS-ISVM 的网络入侵检测研究[J]. 煤炭技术，2013，32(2)：170-172.

[4] Yanfang Li，Bo Su，Gongshen Liu. An Incremental Learning Algorithm for SVM Based on Combined Reserved Set[J]. Journal of Shanghai Jiaotong University，2016，50(7)：1054-1059.

[5] 萧嵘，王继成，孙正兴，等. 一种 SVM 增量学习算法[J]. 南京大学学报(自然科学版)，2002，38(2)：152-157.

[6] 李鲁英. 基于鲁棒性的支持向量机增量学习的研究[D]. 武汉：武汉纺织大学，2018：5-48.

[7] Xie W，Liang G，Yuan P. Research on the incremental learning SVM algorithm based on the improved generalized KKT condition[C]//2019：022150.

[8] Roshan Chitrakar，Chuanhe Huang. Selection of Candidate Support Vectors in Incremental SVM for Network Intrusion Detection[J]. Computers & Security，2014，45(6)：231-241.

8　基于 SVM 的数据分类算法在天然气管道泄漏检测中的应用

在石油天然气的运输系统中，使用管道设备对油气进行输送具有方便管理、成本低等很多优势，但是在使用过程中难免会存在安全隐患，例如：由于使用时间较长造成的管道磨损、老化、腐蚀等现象；管道铺设地周围的自然、地理环境因素造成的管道损坏以及人为因素造成的管道破坏等情况，一旦发生管道泄漏，就会造成环境污染、财产损失甚至人身伤亡，后果较为严重。所以，石油天然气管道泄漏检测系统在确保油气安全运输的过程中显得尤为重要。基于数据挖掘技术的管道泄漏识别与预测工作，能够在采集到的复杂数据中高效、准确地识别出异常数据，通过相关方法进行分析与建模，从而有效地判断泄漏是否发生并能确定泄漏位置及泄漏情况，并采取相应的抢修措施和维修方案，对有效地避免恶性事故的发生、最大限度地降低经济损失和人员伤亡，提高石油、天然气管道的运行安全性和可靠性具有十分重要的意义。

近年来对于管道检测的技术手段有很多，比较成熟的技术包括[1]：负压波检测法、光纤检测法、次声波检测法等。负压波检测法只有在管道的泄漏量达到一定程度的时候才能进行有效检测；光纤的温度检测技术则容易受周围环境的干扰和影响，产生误差；而次声波检测法通过采集次声波信号来判断泄漏是否发生，该方法对于管道的状况及泄漏量不十分敏感，除此以外，还具有安装方便，不易受现场采集环境影响的优势，所以该技术具有较好的应用前景。

鉴于次声波检测法具有上述优点，为了提高天然气管道运输的安全性和可靠性，尽早发现其安全隐患，我国某天然气管道公司在其铺设的某段线路上安装了一套次声波泄漏检测系统，在该段管线上一共设置了 4 个分站，依次记为：*A*、*B*、*C*、*D*，实际运行压力为 5.0~7.0MPa。

在该系统的测试期间，对于 *A*、*B*、*C* 分站先后进行了放气泄漏试验；在运行期间，对于 *D* 分站进行了次声波信号实测工作。因为现场采集的时间、地点、环境以及测试条件、检验目的不同，系统在测试和运行期间获取了不同类型以及不同分类需求的次声波信号，包括：含噪声的数据、非均衡数据、需要多分类的数据以及分批次获取的数据。对于上述采集到的数据，如果采用单一的分类算法进行分类，其分类效果无法保证是最优的。为了进一步提高天然气管道泄漏识别率，需要我们针对不同特点及分类需求的多类型复杂数据，采用不同的分类算法以提高其分类效果和分类精度。因此，针对该次声波泄漏检测系统采集到的次声波信号，本章首先基于小波包法对其进行分解，对分解后的各个频段进行特征能量提取，提取出 8 个能量特征值，进行归一化处理后获得相应的 8 维样本数据。对于上述特征提取之后的数据，采用本书第 3~7 章提出的基于 SVM 的各种优化算法对其进行分类。实验证明，本书提出的这 5 种改进算法除了对 UCI、KEEL 等公用数据集的数据具有较好的分类效果以外，对该次声波泄漏检测系统采集到的不同类型的复杂数据也具有较好的分类效果，进一步说明本书提出的各种改进算法对石油、天然气的泄漏可以进行有效地识别和检验，为我国石油、天然气企业的安全运行和质量管理提供了较好的技术支持。

8.1 相关理论

8.1.1 泄漏检测方法

流体输送管道的泄漏检测方法很多，分类方法也很多，大致分为外部环境检测、管壁状况检测和管内流动状态检测法等。近年来，随着数据挖掘技术和人工智能的迅速发展，泄漏检测和定位功能逐渐完善。将管段上、下游端的压力、流量、声波等参数，通过中央处理计算机或者相关人工智能算法进行实时处理和分析，来实现管道的泄漏检测和定位。管道的泄漏检测方法主要分为以下几种[2]：

（1）基于模型的方法

该方法是利用管道中流体的动量方程、能量方程和质量守恒三大平衡方程进行机理建模。由于管道系统是一个非线性分布参数系统，所建立的模型为非线性偏微分方程，通常采用隐式差分法、特征线法等方法将其线性化，然后设计状态估计器对系统状态进行估计，根据估计值和实测值之间的差值进行泄漏检测。该方法最大的弊端是检测和定位精度与等分段数 N 有关，分段数 N 越多，精度越高，非线性方程组维数越高，求解越困难。而且需要设置精度较高的流量计，增加检测系统成本。

（2）压力梯度法

该方法主要通过分析所检测管段两端的压力梯度的变化判断管道是否出现泄

漏。由于实际管道沿线压力梯度呈非线性分布，工况条件的变化对压力分布的影响和仪表测量精度等因素会影响压力梯度法的定位精度。可以增加上下游压力测点的数量，利用曲线拟合的方法进行定位。

(3) 压力点分析法

该方法的基本原理是管道正常运行时，其压力值呈现连续变化的稳定状态。当泄漏发生时，泄漏点处压力突降，破坏了原有的稳态，并向新的稳态过渡。该方法不需要建模，存储的数据量和计算量都比较小，但是需要在沿线分布多个压力变送器，维护和管理不方便。

(4) 负压波法

该方法在国内输油管线上得到了广泛的应用，但是当管内介质为气体时，由于气体本身具有可压缩性大、密度小、输送压力范围大的特点，泄漏产生的负压波相对于管道中原有的气体压降并不明显，并不能被压力传感器接收到。并且该方法在输油管道上对微小泄漏和缓慢泄漏的检测漏报多，抗工况扰动能力不强，系统误报多。

(5) 流量平衡法

该方法根据管道两端出、入口流量是否平衡来检测管道是否发生泄漏，是一种最简单、直观的方法。该方法最大的缺点是不能对漏点进行定位，往往配合其他方法一起使用。虽然可以在管道中间增加检测点，推断出泄漏点的大概位置，但是这种方法不仅增加了硬件费用，也给施工和维护管理带来了不便。

(6) 应力波法

流体泄漏时在管壁中激发应力波，用两只普通的电压式传感器作为检测元件，分别安装在被测管道两端，通过声波到达两传感器的时间差，对漏点进行定位，该方法容易受到外界环境噪声的干扰。

(7) 超声波法

该方法方向性很强，检测灵敏度比较高。但是超声波在传播过程中存在弥散现象，造成超声波能量损耗大，因此该方法只能检测距离较短的管道泄漏，为此需要在管线上放置多个传感器来接收超声波信号，增加施工、运行和维护成本。

(8) 次声波法

频率小于 20Hz 的声波叫作次声波。次声波不容易衰减，不易被水和空气吸收。而次声波的波长往往很长，能绕开某些大型障碍物发生衍射。某些次声波能绕地球 2~3 周。相对于其他信号，声波信号中包含了更丰富的信息，其中次声波具有频率低、波长长、能量衰减慢的传播特性，一般能够传播上千米的距离。因此，采用次声波泄漏检测技术定位长输管道泄漏点具有很大的发展前景。利用次声波法进行管道泄漏监测是目前最先进、最可靠的泄漏监测技术之一。

现阶段，长输油气管道泄漏检测研究中用到比较多的就是负压波检测法与次声波检测法，两者之间的区别与联系见表 8-1。

表 8-1　负压波法和次声波法异同点

检测方法	不同点				相同点		
	产生方式	传输介质	速度	检测量	定位原理	信号处理方法	时延估计方法
负压波法	物体损失产生气体压降，作用于流体介质	在管内流体介质中传播	受管内介质的弹性、密度、管材弹性以及温度等影响	管内压力突变点	双基元漏点定位	去均值、小波变换	互相关分析法、广义互相关分析
次声波法	泄漏造成管道内外压力差，流体能量释放，激发次声波	管壁和管内流体介质	声波在介质中的速度，受介质种类、温度、压力的影响	管内声波突变点			

由于气体本身具有可压缩性大、密度小、输送压力范围大的特点，负压波法虽然在液体管道中得到了大量的应用，但并不适用于输气管道。而声波则可以在各种介质中传播，并且衰减慢，因此，采用次声波泄漏检测技术定位长输管道泄漏点具有很大的发展前景。

8.1.2　次声波检测法原理

声波传输的衰减公式为：

$$\alpha=\frac{\omega^2}{2\rho_0c^3}\left[\frac{4}{3}\eta'+\chi\left(\frac{1}{c_v}-\frac{1}{c_p}\right)\right] \tag{8-1}$$

式中　α——声波的衰减系数；

ω——声波的频率；

ρ_0——流体密度；

c——声速；

η'——切变黏滞系数；

χ——热传导系数。

由公式(8-1)可以看出，声波的衰减系数 α 与声波频率的平方即 ω^2 成正比，ω 越高，α 越大；反之，ω 越低，α 越小。声波信号包括从低到高的多种频率成分，频率高的声波信号在管道内或者在液体内传输的时候，快速地衰减到很小，混杂在噪声信号中，很难被检测出来；而频率较低的声波信号在管道内或液体中传播的时候，能够被传播到很远的地方，容易进行有效的检测。由于次声波信号的频率很低，通常在 20Hz 以下，所以它比一般的声波、光波和无线电波具有更长的波长，传播距离较远，并且具有较强的穿透力。

油气输送管道在发生泄漏的时候，管道内的高压油体或者气体在管道内外压差的作用下，快速地向泄漏点聚集并释放而出，由于喷射出来的油气与破损的泄漏孔内侧介质产生高速摩擦，所以会在喷射点处形成振动，激发出强度较大的声波信号并从该处向管道两端进行传播。由上面的介绍可知，频率较低的次声波信号衰减最小，所以它能够沿着传输介质传播到很远的地方，可以被安装在管线两端具有较高灵敏度的声波传感器捕捉到。在运输管道中，次声波通常以当地声速传播，在天然气中的传播速度大约为 400m/s，在油品中的传播速度为 1500m/s 左右。正是由于次声波具有较快的传播速度和较远的传播距离，所以，基于次声波的管道泄漏检测技术具有较好的发展前景。

综上所述，泄漏发生后，管道内的介质迅速涌向泄漏点并被突然释放，会与泄漏孔内侧介质产生强烈摩擦并产生高压冲击波，从而产生次声波。产生的冲击波声压如下[2]：

$$P=\begin{cases}P_0 e^{-(t-t_1)/t_0}, & t\geqslant t_0\\ 0, & t<t_0\end{cases} \tag{8-2}$$

经过傅里叶变换后得到：

$$P(\omega)=P_0\frac{1}{\sqrt{(1/t_0)^2+\omega^2}}e^{-j\omega t_1} \tag{8-3}$$

式中 t_0——对应声压衰减为原幅值 e^{-1} 的时刻；

t_1——声波产生的时刻；

ω——角频率；

p_0——t_1 时刻的声压。

其幅频函数如下：

$$|P(\omega)| = P_0 \frac{1}{\sqrt{(1/t_0)^2+\omega^2}} \tag{8-4}$$

冲击波声源声压及声压幅频曲线分别如图 8-1(a)、图 8-1(b)所示。

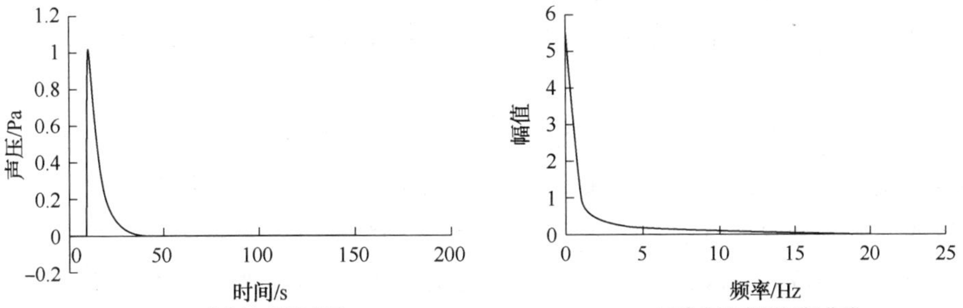

(a)冲击波声源声压　(b)冲击波声压幅频曲线

图 8-1　冲击波声源声压及声压幅频曲线

由图 8-1(a)、图 8-1(b)可以看出，冲击波声源声压瞬间增大后迅速衰减至很低，此外，冲击波频率成分较为丰富，而且主要分布在 5Hz 以内，而该频段的声波就是次声波。

当次声波检测系统有效地获取次声波信号后，采取相应的方法对次声波信号进行分析和处理，并采用合理算法进行建模，可以对管道泄漏情况进行有效识别和预测。

8.1.3　基于小波包分解的能量特征提取方法

(1) 小波包分解原理

小波变换从 20 世纪 80 年代提出之后，经历了“应用—理论—应用”的循环过程，它是 Fourier 变换的深层次发展，由于小波变换具有很多优良性能和较高的分辨率特性，所以广泛应用于信号处理、故障诊断等多个领域[3]。小波变换在信号处理、计算机视觉与编码、图像与模式识别、量子力学、医学成像与诊断、地震勘探、机械故障诊断等各个领域都有广泛的应用，是处理非平稳随机过程的重要方法和工具。小波变换法具有很多优良的性能和较高的分辨率特性，可以满足波动信号的处理和识别，但是该方法仍无法对高频信号进行分解处理。

小波包概念是由 Wickerhauser M. V. 和 Coifman R. R. 等在小波变换的基础上进一步提出来的。小波包分解可以对原始信号进行适当程度频带的划分和分解，其思路是对多分辨分析中的小波子空间进行分解，而且可以对信号频带进行多次分解，并能够根据被分析信号的特征自适应地选择相应频段，使之与信号频谱相匹配，从而提高时频分辨率，是一种更加精细的信号分析方法。在故障诊断时就可以分频段地查看每个频带子信号的变化；在时域和频域中都具有分析信号的能力，使分析更加全面和充分[4]。特别对高频信号，小波包变换可以对其进行深层次的细分，这是小波变换不具备的优势。

泄漏声信号的小波包分析应用包括小波基的选择与构造、振动特征时频分析、振动波形重构等方面。

结果表明，在小波多分辨分析中，多分辨分析是按照不同的尺度因子 2^j 把 Hilbert 空间的 $L^2(R)$ 分解为所有子空间 $W_j(j\in Z)$ 的正交和。小波包则对小波子空间按照二进制分式进行频率的细分，以达到提高频率分辨率的目的。

将尺度函数 $\varphi(t)$ 改记为 $u_0(t)$，小波函数 $\psi(t)$ 改记为 $u_1(t)$，则尺度函数 $\varphi(t)$ 和小波函数 $\psi(t)$ 可分别表示为：

$$\begin{cases} u_0(t) = \sqrt{2}\sum\limits_{k\in Z} h_k u_0(2t-k) \\ u_1(t) = \sqrt{2}\sum\limits_{k\in Z} g_k u_0(2t-k) \end{cases} \tag{8-5}$$

式中，$g_k=(-1)^k h_{1-k}$，即尺度方程中两系数存在正交关系。

普通的做法是将尺度子空间 V_j 和小波子空间 W_j 用一个新的子空间 U_j^n 统一起来表示，记：

$$\begin{cases} u_j^0 = V_j \\ u_j^1 = W_j \end{cases},\ j\in Z \tag{8-6}$$

则 Hilbert 空间的正交分解即可用 U_j^n 的分解统一如下：

$$U_{j+1}^0 = U_j^0 \oplus U_j^1 \tag{8-7}$$

小波包算法包括小波包分解和重构算法，由于在一定选择标准的条件下存在最优小波包基，信号的重构和分解不是一一对应关系。小波包的分解算法类似于小波分解的 Mallat 快速分解算法，类似可推得：

$$\begin{cases} d_{j,\ k}^{2n} = \sum\limits_{l\in Z} \bar{h}_{l-2k} d_{j-1,\ l}^{n} \\ d_{j,\ k}^{2n+1} = \sum\limits_{l\in Z} \bar{g}_{l-2k} d_{j-1,\ l}^{n} \end{cases} \tag{8-8}$$

对于声波信号的小波包分解法就是把声波信号进行细致的划分，将其分解为不同的频带，特别对声波信号的高频部分可以进一步地分解。此外，小波包分解可以为要处理的声波信号自适应地选择与之对应的频带，从而确保和信号的频谱匹配，进一步提高时频分辨率[2]。

尤其是，对于高频信号来说，小波包变换可以对其进行深层次的细分。设小波包变换对信号进行 j 层分解，则可将原有函数中的频率分解为 2^j 个长度相同的频率小段，为信号的提取奠定基础。

设共轭滤波器 $h(n)$ 适用于以下函数[5]：

$$\sum h(n-2k)h(n-2l)=\delta_{kl} \tag{8-9}$$

$$\sum h(n)=\sqrt{2} \tag{8-10}$$

设

$$g(k)=(-1)^k h(1-k) \tag{8-11}$$

此时小波包分解的递推公式可以总结为：

$$\begin{aligned} D_{2n}(t) &= \sqrt{2}\sum_k h(k)D_n(2t-k) \\ D_{2n+1}(t) &= \sqrt{2}\sum_k g(k)D_n(2t-k) \end{aligned} \tag{8-12}$$

$$D_0(t)=x(t) \tag{8-13}$$

式中　$x(t)$——小波包算法的信号序列；

$D_n(t)$——声波信号进行小波包分解的相关系数；

n——声波信号进行小波包分解的层数。

从数据结构关系来看，小波包完全是一种二叉决策树结构；从频域划分来看，它是将有限频带细分为若干更细频带的组合[6]。

(2) 基于小波包分解的能量特征提取

在故障诊断决策中，需要从采集的原始数据里提取有用信息，就要采用各种方法对原始信号进行处理或者分解，并找到其内部的规律，这个过程就是故障信号的特征提取。小波包分解法可以对管道泄漏的能量进行特征提取，其原理为：

① 能量公式

小波包分解法依据帕塞瓦尔能量积分等式，声波信号 $f(x)$ 的能量公式为[5]：

$$\| f \| = \int |f(x)|^2 \mathrm{d}x \tag{8-14}$$

经过小波包变换后：

$$C_{kj} = W(2^k,\ 2^k j) = 2^{-k/2}\int \varphi(2^{-k}x-j)f(x)\,\mathrm{d}x \tag{8-15}$$

式(8-15)中，C_{kj} 为小波包变换系数；$\varphi(x)$ 为基小波。由公式(8-14)和式(8-15)以及帕塞瓦尔能量积分等式，得到：

$$\int_R |f(x)|^2 \mathrm{d}x = \sum_j |C_{kj}|^2 \tag{8-16}$$

② 利用变换系数 C_{kj} 对管道泄漏的能量特征提取过程

设小波包分解后第 k 层第 j 个频带的重构信号 S_{kj} 对应的信号能量为 E_{kj}[2]，则：

$$E_{kj}=\int|S_{kj}(t)|^2\mathrm{d}t=\sum_{m=1}^{N}|x_{jm}|^2 \tag{8-17}$$

式中 N——数据长度；

k——分解层次；

j——分解频带的序号，其中，$j=0$，1，…，2^k-1；

S_{kj}——分解后第 k 层第 j 个频带内的重构信号；

E_{kj}——S_{kj} 对应的信号能量；

x_{jm}——重构后信号幅度值。

信号总能量：

$$E_k=\sum_{j=0}^{p}E_{kj} \tag{8-18}$$

对公式(8-17)中的 E_{kj} 进行归一化处理后，就可以得到提取的特征向量：

$$T=\{E_{k0},\ E_{k1},\ \cdots,\ E_{kp}\}/E_k,\ p=2^k-1 \tag{8-19}$$

③ 小波包分解的特征提取方法的步骤

a. 对采集的信号进行多层小波包分解，得到第 k 层从低频到高频第 j 个频带内的重构信号 $S_{kj}(j=0,\ 1,\ \cdots,\ 2^k-1)$；

b. 提取特征向量，通过信号的小波包分解，计算各频带的局部能量 $E_{kj}(j=0,\ 1,\ \cdots,\ 2^k-1)$，得到特征向量 $T=\{E_{k0},\ E_{k1},\ \cdots,\ E_{kp}\}$，$p=2^k-1$；

c. 小波包特征向量归一化：$T=\{E_{k0},\ E_{k1},\ \cdots,\ E_{kp}\}/E_k$，$p=2^k-1$。

8.2 实验数据获取及诊断方法

(1) 实验数据获取方法

上述提到的天然气管道次声波泄漏检测系统前后共安装了 4 个分站，经过两年的安装及测试，该系统已经正式使用并稳定运行。在系统测试期间，通过放气实验来模拟管道泄漏，现场对管道次声波信号进行时时采集和监控，次声波传感器采样频率为 20Hz。

本实验在测试阶段对次声波的采样频率设为 20Hz，每两次采集时间间隔为 5min，在该采集时间段(5min)内进行现场放气 1 次，放气时长为 5~10s。将该时间段(5min)内采集的6000个声压值，利用基于小波包分解的能量特征提取方法生成相应的数据，得到1个泄漏样本点。

以该管道某日正常运行和模拟泄漏情况的声波数据为例，其声波波形如图8-2(a)(b)所示，图中采样时间均为150s，此外，文献[2]还给出了上述两种情况下去均值之后的信号波形图，如图8-2(c)(d)所示。从图8-2(a)(c)中可以看出管道在正常工作状态下，声波信号比较平稳，幅值波动不大；从图8-2(b)(d)中可以看出管道在泄漏状态下，声压幅值会在瞬间产生较大变化。在打开阀门时，幅值瞬间下降，当放气时间结束、阀门关闭时，幅值又回升，之后迅速衰减。因此在放气阀门开启和关闭的时候，声压幅值发生较大震荡，会产生次声波信号，由此可以通过波形图中的信号是否存在剧烈变化来判断泄漏是否发生。

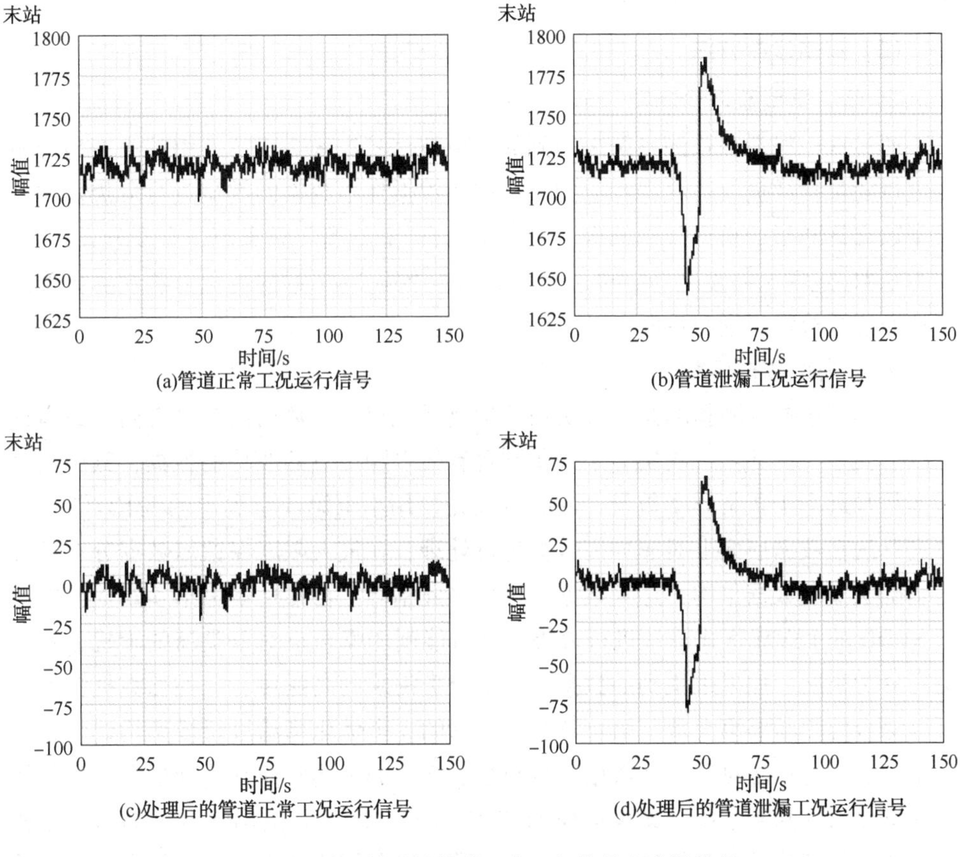

(a)管道正常工况运行信号 (b)管道泄漏工况运行信号

(c)处理后的管道正常工况运行信号 (d)处理后的管道泄漏工况运行信号

图8-2 处理前后的管道正常运行信号和泄漏信号

在不同时间段和不同分站，分 4 次通过该天然气管道次声波泄漏检测系统采集到次声波信号，其中高噪声数据、具有多分类需求的数据以及动态获取的增量数据是在该系统的测试期间于 *A*、*B*、*C* 三个分站采集到的；而非均衡数据是在该系统的运行期间于 *D* 分站采集到的。

本实验在不同时间段和不同分站，分多次通过该天然气管道次声波泄漏检测系统采集到次声波信号，其中非均衡、高噪声数据、具有多分类需求的数据以及动态获取的增量数据是在该系统测试期间分别于 *A*、*B*、*C*、*D* 4 个分站采集到的。

对采集到的次声波信号，分析研究泄漏信号的时频特性，首先采用 8.2.3 节介绍的小波包分解法进行声波信号特征提取，提取出 8 个特征向量从而得到 8 维数据。然后针对不同类型以及不同分类需求的复杂数据，采用本书第 3~7 章提出的改进算法进行故障识别和预测。

(2) 数据诊断方法

① 单一类型数据诊断

通过次声波泄漏检测系统采集到的次声波信号经 8.2.3 节介绍的小波包分解法进行能量特征提取，获得相应的数据进而根据样本数据的类型进行分类。单一类型数据诊断指的是采集到的次声波数据具有“非均衡、高噪声、有多分类需求、动态获取”这四个特点之一，可以分别选用本书第 3~7 章的优化算法建立分类模型从而进行故障识别与诊断。

② 多类型数据诊断

多类型数据诊断指的是通过次声波检测系统获得的数据同时具有两个或者两个以上类型，例如：某次实验中采集到含有较多噪声点的非均衡数据，其中故障样本数量远小于正常样本数量，此时可以先使用本书第 3 章提出的 SMOTE-SVM 改进算法在数据层面上对非均衡数据进行处理，在最大限度保留原数据分布特征的基础上实现数据重构，达到数据平衡；在此基础上再使用本书第 4 章提出的基于 SVDD 的 FSVM 优化算法进行分类，尽可能削弱噪声点对分类器的干扰，从而提高分类精度。如果采集到的数据是有多分类需求的高噪声、非均衡数据，此时可以综合使用本书第 3 章、第 4 章和第 5 章的 3 个优化算法进行模型构建，首先使用第 3 章的算法对非均衡数据进行数据层面上的重构，使其达到平衡；再使用第 5 章提出的基于平衡二叉决策树的 SVM 多分类优化算法构建合理的树型结构进行数据的多分类；为了尽可能降低噪声数据对分类器的干扰，在每个二叉决策树的分类节点上使用第 4 章提出的改进 FSVM 算法进行样本的二分类，该算法通过使用合理的隶属度函数来加强支持向量对分类器的决定性作用，同时削弱噪声点对分类器的影响。上述两个案例均属于多类型数据的分类识别，其过程是通过几种优化模型的综合构建来实现其动态分类机制，具有灵活、高效、准确等优点。

8.3 各改进算法对于次声波数据的泄漏检测实验

在该系统的测试阶段，实验人员采取放气方式来模拟管道泄漏从而进行泄漏数据的采集；并且在不同的时间和分站获得了不同类型或分类需求的次声波信号，本章针对上述采集到的次声波数据，在使用小波包分解法提取特征向量之后，采用本书提出的几种分类算法训练分类模型，均获得了较好的分类效果，有效地实现了天然气管道的泄漏检测和故障识别工作。由此可见，对于管道的故障诊断工作，除了要通过合理有效的数据采集手段获得完备、准确、具有代表性的数据以外，采用合理、有效的分类算法也是进行泄漏识别与诊断的关键步骤。

该天然气管道泄漏检测系统在测试期间获得的次声波数据因为现场采集时间、地点、环境以及测试条件、检验目的的不同，获得了多类型小样本数据，包括：非均衡数据、高噪声数据、需要多分类的数据以及分批获取的动态数据，根据这些不同类型的数据，采用本书第3~7章提出的SVM优化算法进行分类，对每一种改进算法都同其他传统的分类算法进行了对比。实验结果表明，本书提出的几种改进算法不仅对UCI、KEEL等公用数据集的数据有较好的分类效果，对于该天然气管道次声波检测数据也具有较好的分类效果。

(1) 基于样本选择策略的SMOTE-SVM分类算法对次声波数据的分类实验

实验人员于A分站进行信号采集，泄漏采样时长为595min，每5min放气一次，共放气119次，使用小波包分解的能量特征提取方法对次声波信号进行处理，提取8个能量特征值，归一化处理后获得了119个8维泄漏样本；此外，用类似方法选取了600个正常样本数据，利用本书第3章提出的改进算法进行分类实验。

利用本书第3章提出的AKN-Random-SMOTE-SVM算法，采用十折交叉验证算法选取训练集和测试集，将10次实验分类指标的平均值作为结果。表8-2中，“Original-SVM”“SMOTE-SVM”“Random-SMOTE-SVM”“AKN-Random-SMOTE-SVM”分别表示：样本集在没有经过数据处理和经过SMOTE、Random-SMOTE以及AKN-Random-SMOTE三种不同的过采样算法处理下的SVM分类结果。本实验中，高斯径向基核函数RBF的参数g取值为1(即RBF中的核参数σ

的取值为1)。以F-measure和G-mean作为分类性能评价指标；针对每种算法计算10次，取其平均值，其实验对比结果见表8-2，可以看出，本书第3章提出的AKN-Random-SMOTE-SVM算法对非均衡的次声波数据具有较好的分类效果。

表8-2 四种算法对非均衡次声波数据的平均分类精度

算法	G-mean值	F-measure值
Original-SVM	0.816497	0.80000
SMOTE-SVM	0.925820	0.923077
Random-SMOTE-SVM	0.957427	0.956522
AKN-Random-SMOTE-SVM	0.996500	0.993578

(2)基于SVDD的FSVM分类算法对于次声波数据的分类实验

次声波泄漏检测技术的灵敏度与管道发生泄漏时产生的声波声强有关系，但是管道的声波声强也会受到硬件设备以及现场环境的影响，在某些场合，管道泄漏检测中的噪声是不可避免的，信号采集环境、采集设备、检测条件等诸多因素，使得采集系统中除了正常工作状态下的信号和模拟泄漏时产生的声波信号以外，一些离群点和噪声点也会混入其中，这些噪声点包括：外部环境的噪声、管道内部的噪声、数据采集系统本身的电路噪声等。对于混入采集信号内的噪声点，需要采取相应的办法尽可能地减少它们对于分类检测造成的影响和干扰。

实验人员于B分站进行信号采集，泄漏信号采样时长为945min，每5min放气一次，共放气189次，使用小波包分解的能量特征提取方法对次声波信号进行处理，提取8个能量特征值，归一化处理后获得了189个8维泄漏样本；此外，用类似方法选取了189个正常样本，共计378个样本。其中296个样本作为训练样本，82个作为测试样本。由于该站点建在主干公路附近，在数据采集过程中，周围环境存在噪声使得采集到的数据中含有较多的离群点和噪声点。

为了最大限度地降低噪声点和离群点的干扰，采用本书第4章提出的“基于SVDD的FSVM改进算法——IFSVM算法”对这些高噪声数据进行分类。选择五折交叉验证方法对参数C和g(C为SVM模型中的惩罚因子；g为RBF中的核参数σ)进行优化，各个参数的取值范围见本书4.6节表4-1。采用SVM、FSVM、FSVM_exp、FSVM_lin算法和本书第4章提出的IFSVM算法，对上述次声波数据进行分类，共测试9次，其分类精度见表8-3，其折线图如图8-3所示；表8-4给出了9次实验中各种算法的平均分类精度。从实验结果可以看出，本书第4

章提出的 IFSVM 算法对采集到的含有高噪声的次声波数据具有较好的分类效果。

表 8-3 五种不同算法在 9 次实验中对含有较多噪声的次声波数据的分类精度

算法	训练样本/测试样本	1	2	3	4	5	6	7	8	9
SVM	296/82	0.760	0.730	0.860	0.820	0.840	0.710	0.750	0.800	0.800
FSVM	296/82	0.843	0.820	0.810	0.830	0.570	0.810	0.950	0.710	0.960
FSVM_exp	296/82	0.750	0.870	0.890	0.870	0.880	0.790	0.850	0.820	0.800
FSVM_lin	296/82	0.810	0.830	0.880	0.890	0.800	0.850	0.840	0.810	0.860
IFSVM	296/82	0.965	0.940	0.920	0.970	0.850	0.890	0.900	0.970	0.950

表 8-4 五种不同的分类算法对含较多噪声的次声波数据的平均分类精度

算法	平均分类精度	算法	平均分类精度
SVM	0.786	FSVM_lin	0.841
FSVM	0.834	IFSVM	0.928
FSVM_exp	0.836		

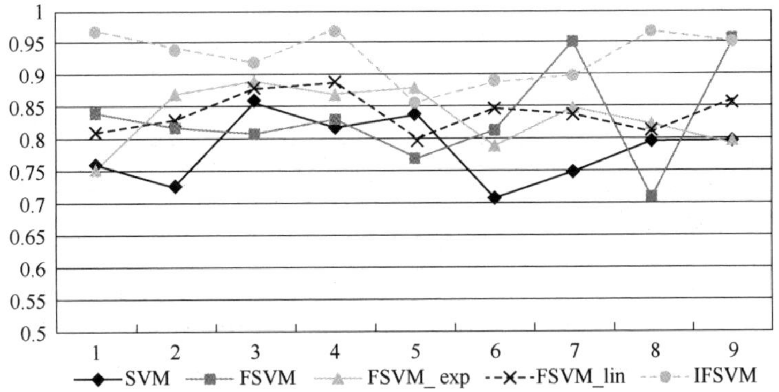

图 8-3 五种分类算法在 9 次实验中对次声波数据的分类精度

(3) 基于平衡二叉决策树的改进多分类算法对次声波数据的分类实验

对于该泄漏检测系统于 C 分站的采集数据，提出了不同的分类需求：不再是传统的二分类，而是需要将泄漏情况分成三个不同的级别：不漏、Ⅰ级泄漏和Ⅱ级泄漏，根据泄漏级别的不同制定不同的维修方案和抢修手段。

实验人员于 C 分站进行信号采集，泄漏信号采样时长为 1080min，每 5min 放气一次，共放气 216 次，通过调节阀门开度模拟泄漏级别。使用小波包分解的能量特征提取方法对次声波信号进行处理，提取 8 个能量特征值，归一化处理后获得了 216 个 8 维泄漏样本，其中，Ⅰ级泄漏样本和Ⅱ级泄漏样本均为 108 个。此外，用类似方法选取了 108 个正常样本数据，共计 324 个样本。

本实验采用本书第 5 章提出的 IBDT-SVM 算法对于上述次声波数据做了 10 次 3 分类实验，高斯径向基核函数 RBF 的参数 g 取值为 1(即 RBF 中的参数 σ 取值为 1)。表 8-5 中给出了这 10 次实验中各种多分类算法的分类精度，其折线如图 8-4 所示；表 8-6 则给出了上述 10 次分类实验中各种算法的平均分类精度。由表 8-5、图 8-4 和表 8-6 可以看出，本书提出的 IBDT-SVM 算法对于次声波数据的多分类问题具有较好的效果。

表 8-5　五种多分类算法在 10 次实验中对次声波数据的分类精度

算法 \ 次数	1	2	3	4	5	6	7	8	9	10
OVO	0.667	0.778	1.000	0.875	0.714	1.000	0.857	1.000	0.667	0.667
OVA	0.667	0.800	1.000	1.000	0.857	0.857	1.000	0.845	0.750	0.667
BDT-SVM	0.875	0.929	1.000	0.814	0.786	1.000	0.929	0.857	0.714	0.786
VBDT-SVM	0.814	0.786	0.900	0.929	0.786	0.857	0.929	0.929	0.857	0.929
IBDT-SVM	0.886	0.877	0.900	0.857	0.929	0.940	0.920	1.000	0.929	0.987

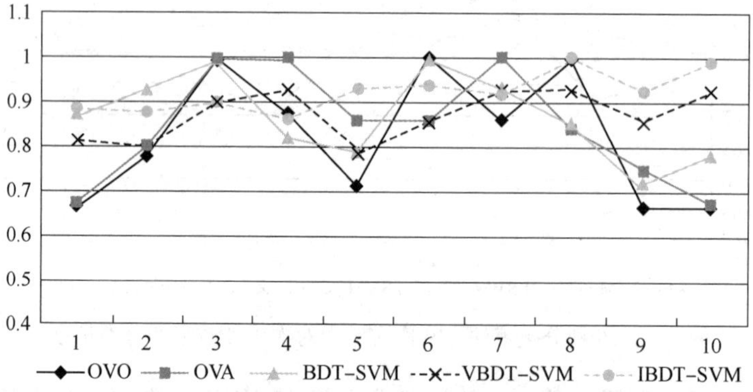

图 8-4　五种多分类算法在 10 次实验中对次声波数据的分类精度

表 8-6　各多分类算法在 10 次实验中对次声波数据的平均分类精度

OVO	OVA	BDT-SVM	VBDT-SVM	IBDT-SVM
0.823	0.844	0.869	0.871	0.923

(4) 基于广义 KKT 条件的改进 ISVM 算法对于次声波数据的分类实验

测试期间，对 *D* 分站进行放气实验采集数据时，由于现场采集条件等原因分批获取实验数据。在此次采集中，系统前后分 5 次获取数据，每次获得 316 个样本，其中含有 158 个泄漏数据和 158 个正常数据；5 次一共获得 1580 个数据样本点。首先，基于小波包分解的能量特征提取方法获取相应 8 维数据；其次，采用本书第 6 章提出的改进 ISVM 算法对于上述分批获取的数据进行分类研究。

本实验采用五折交叉验证法确定数据集和测试集，每一次交叉验证中，选取 316 个样本点作为测试数据，其余 1264 个样本点分为 4 组作为训练集：在其中 1 组作为初始训练集的基础上，每次增加 1 组数据(即 316 个数据)对象作为增量学习的样本，连续增加 3 次，采用本书第 6 章介绍的各个增量学习算法对上述次声波数据进行了分类学习。表 8-7 中，将 Simple-ISVM、PISVM、S-ISVM 算法以及本书第 6 章提出的 GGKKT-ISVM 算法简记为：算法 1、算法 2、算法 3 和算法 4，对上述这些算法，设置不同参数($C=200$，$g=3.0$；$C=200$，$g=4.0$ 以及 $C=200$，$g=5.0$，其中 C 为 SVM 模型的惩罚因子，g 为 RBF 中的核参数 σ)，每次增量学习后的分类精度见表 8-7，其折线如图 8-5 所示。从实验结果可以看出，本书第 6 章提出的改进 GGKKT-ISVM 算法对次声波数据的分类精度随着增量学习的次数增加而增加，相对于其他三种 ISVM 分类算法具有较好的稳定性和较高的分类精度。

表 8-7　不同参数设置下四种 ISVM 算法对次声波数据的分类精度

	$C=200$，$g=3.0$				$C=200$，$g=4.0$				$C=200$，$g=5.0$			
次数	算法 1	算法 2	算法 3	算法 4	算法 1	算法 2	算法 3	算法 4	算法 1	算法 2	算法 3	算法 4
1	0.920	0.933	0.880	0.907	0.907	0.800	0.773	0.907	0.880	0.853	0.760	0.880
2	0.920	0.933	0.890	0.920	0.893	0.800	0.760	0.946	0.907	0.853	0.733	0.893
3	0.913	0.933	0.933	0.947	0.893	0.814	0.793	0.947	0.900	0.856	0.761	0.947

(5) 基于类中心直径的改进 ISVM 算法对于次声波数据的分类实验

测试期间，对 *D* 分站进行放气实验采集数据时，由于现场采集条件等原因分批获取实验数据。在此次采集中，系统前后分 5 次获取数据，每次获得 316 个样本，其中含有 158 个泄漏数据和 158 个正常数据；5 次一共获得 1580 个数据样本点，选取其中 1500 个样本进行本次实验。首先，基于小波包分解的能量特征提取方法获取相应 8 维数据；其次，采用本书第 7 章提出的 CD-ISVM 算法对上述分批获取的数据进行分类研究。

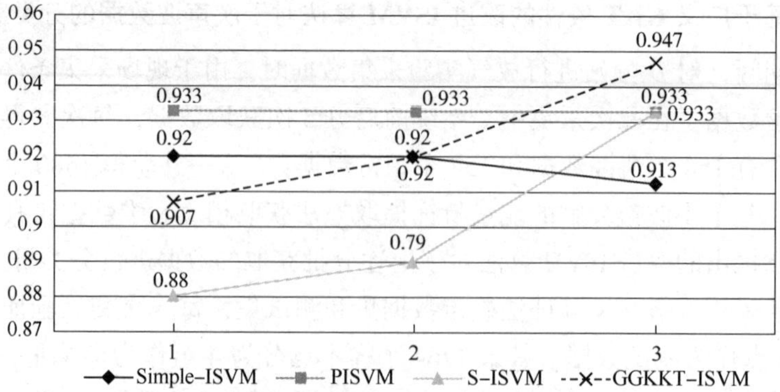

(a)C=200，g=3.0时，四种ISVM算法对次声波数据的分类精度

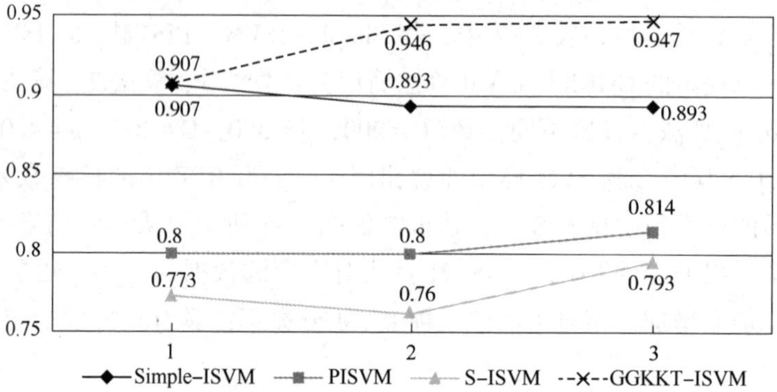

(b)C=200，g=4.0时，四种ISVM算法对次声波数据的分类精度

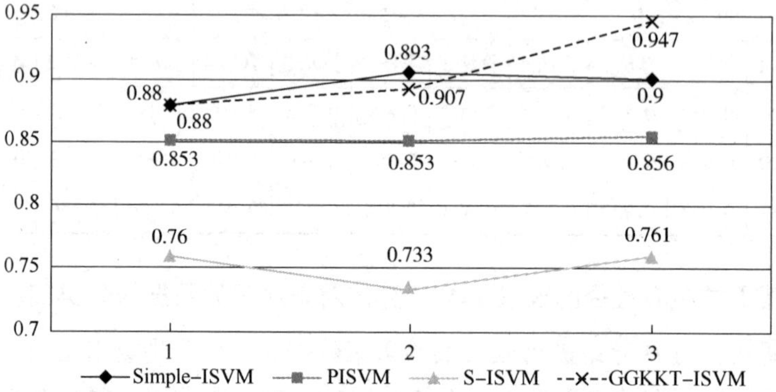

(c)C=200，g=5.0时，四种ISVM算法对次声波数据的分类精度

图 8-5　四种 ISVM 算法在不同参数设置下对次声波数据的分类精度

本实验中初始训练数据集选取 500 个样本点，每次新增 500 个数据进行增量学习，连续增加 2 次，采用本书第 7 章介绍的各个增量学习算法对上述次声波数

据进行了分类学习。表 8-8 中，对算法 Simple-ISVM、GGKKT-ISVM、CSV-ISVM 算法以及本书第 7 章提出的 CD-ISVM 算法，在参数 $C=200$，$g=10$ 的设置下(其中 C 为 SVM 模型的惩罚因子，g 为 RBF 中的核参数 σ)，最后的增量学习分类结果见表 8-8，其折线如图 8-6 所示。从实验结果可以看出，本书第 7 章提出的改进 CD-ISVM 算法对于次声波数据，相对于其他三种 ISVM 分类算法具有较好的分类精度和较高的 SV 占比。

表 8-8　四种 ISVM 算法对次声波数据的分类结果

算法	平均精度	训练总时间	SV 平均占比
Simple-ISVM	0.7205	130.601	0.345
GGKKT-ISVM	0.7478	151.715	0.450
CSV-ISVM	0.7589	293.400	0.412
CD-ISVM	0.7978	140.022	0.501

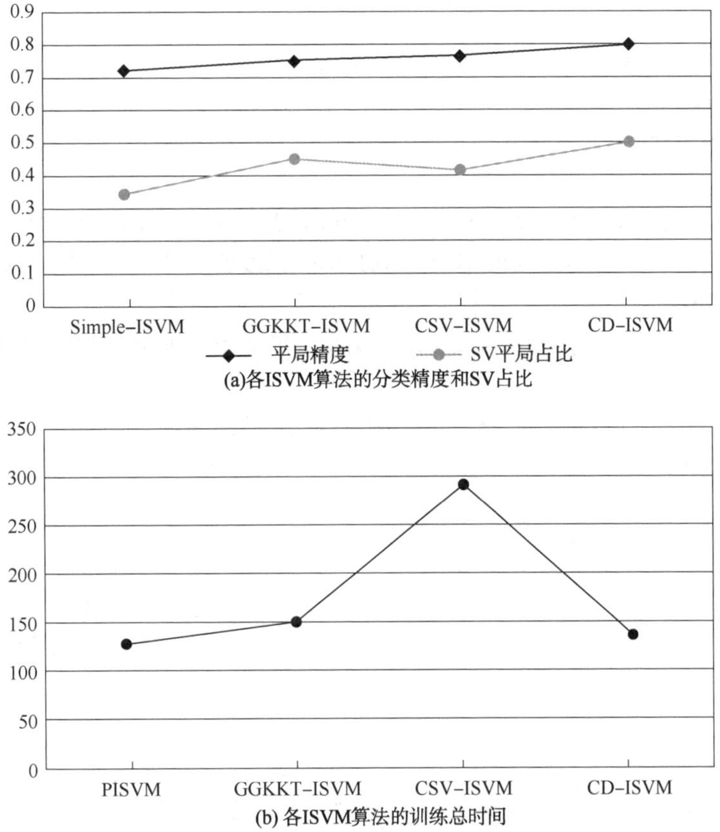

图 8-6　四种 ISVM 算法对次声波数据的分类结果

8.4 本章小结

国内某天然气管道泄漏检测系统在测试阶段，于不同时间、不同分站检测到不同类型及不同分类需求的次声波数据，上述小样本数据分别具有：非均衡、高噪声、有多分类需求以及动态获取等特点。针对这些不同特点及不同分类需求的复杂数据，本章首先使用小波包分解的能量特征提取方法对次声波信号进行处理，获得相应的8维数据样本；其次采用本书第3~7章提出的几种改进的分类算法对上述数据进行分类预测。实验证明，上述各种算法对不同类型及不同分类需求的次声波数据具有较好的分类精度。本书提出的几种基于SVM的改进分类算法对于提高石油、天然气管道的泄漏检测和诊断决策技术、提高管道输送系统的安全管理和可靠运行具有重要的意义，为石油、天然气管道泄漏检测和运营维护提供了较好的技术支持。

参考文献

[1] 汪春付. 次声波泄漏检测技术在国内某大型管道上的应用[J]. 石化技术，2016(12)：121.

[2] 郭乔. 输油管道次声波法泄漏检测与定位技术研究[D]. 西安：西安石油大学，2015：2-32.

[3] 黄奎. 基于小波变换的图像处理综述[J]. 价值工程，2015，34(8)：255-256.

[4] 周意贺. 基于小波包分解与BP神经网络的气阀故障诊断研究[D]. 沈阳：沈阳理工大学，2020：1-64.

[5] 赵艳燕. 基于支持向量机的管道泄漏声发射检测研究[D]. 北京：北京化工大学，2010：19-24.

[6] 刘艳梅，程凯，鞠浩民，等. 发动机异响信号的小波包能量特征提取[J]. 机械制作与自动化，2009(2)：70-72.